开襟缝纫基础的基础

（日）水野佳子 著 陈新平 张艳辉 译

化学工业出版社
·北 京·

AKI NO NUIKATA NO KISO by Yoshiko Mizuno

Publisher of Japanese edition:Sunao Onuma
Book-design : Miho Sakato
Photography : Wakana Baba,Josui Yasuda[BUNKA PUBLISHING BUREAU]
Digital trace:Toshio Usui
Pattern grading:Kazuhiro Ueno
Proofreading:Masako Mukai
Editing:Nobuko Hirayama,[BUNKA PUBLISHING BUREAU]
Cooperation:Makoto Toyoda
Original Japanese edition published by EDUCATIONAL FOUNDATION BUNKA GAKUEN BUNKA PUBLISHING BUREAU

This Simplified Chinese edition published by arrangement with EDUCATIONAL FOUNDATION BUNKA GAKUEN BUNKA PUBLISHING BUREAU, Tokyo through HonnoKizuna, Inc., Tokyo, and Shinwon Agency Co. Beijing Representative Office, Beijing

北京市版权局著作权合同登记号：01-2017-4762

图书在版编目（CIP）数据

开襟缝纫基础的基础／（日）水野佳子著；陈新平，张艳辉译.
—北京：化学工业出版社，2020.7
ISBN 978-7-122-36906-2

Ⅰ. ①开… Ⅱ. ①水… ②陈… ③张… Ⅲ. ①服装缝制-基本知识 Ⅳ. ①TS941.63

中国版本图书馆CIP数据核字（2020）第083842号

责任编辑：高 雅　　　　责任校对：宋 夏

出版发行：化学工业出版社（北京市东城区青年湖南街13号 邮政编码100011）
印　　装：北京新华印刷有限公司
787mm×1092mm　1/16　印张 $5^1/_4$　插页 4　字数320千字　2021年1月北京第1版第1次印刷

购书咨询：010-64518888　　　　售后服务：010-64518899
网　　址：http://www.cip.com.cn
凡购买本书，如有缺损质量问题，本社销售中心负责调换。

定　价：79.80元

目录

像模像样的带有“开襟”的衣服，

没那么难，自己也能制作。

本书中，通过图片说明各种衣服的“开襟”的缝制方法。

转变“复杂”“困难”等固有观念，

享受其中乐趣。

不仅如此，穿上自己缝制的带“开襟”的衣服，

心里也是成就感十足。

男友风女式衬衫

前开襟为衬衫领（带底领），袖口为半开襟的袖头。

制作方法　p. 26

前开襟

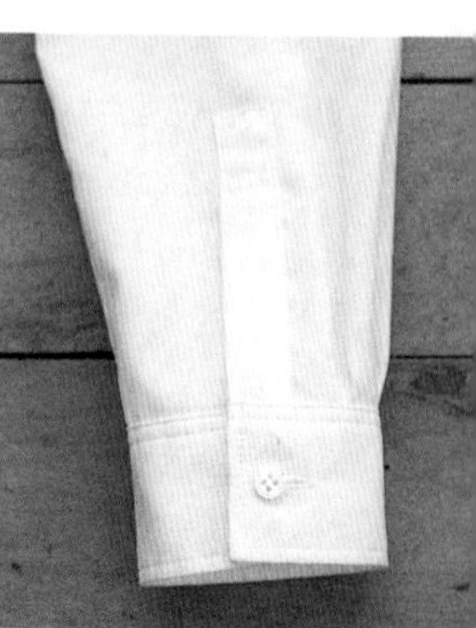

半开襟

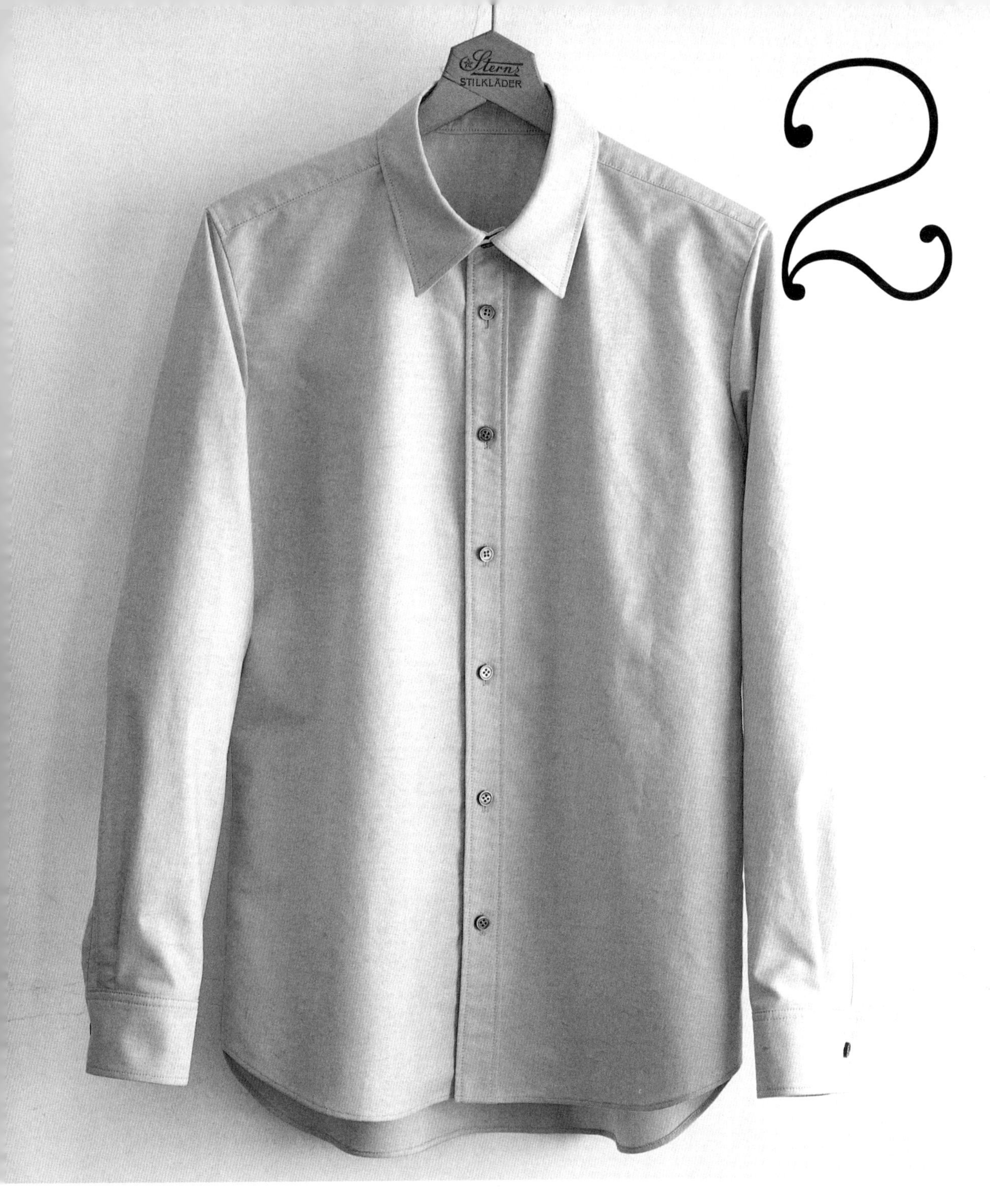

2

男式衬衫

制作方法与 1 的女式衬衫相同。
左衣片的前开襟位于上方。

制作方法　p. 30

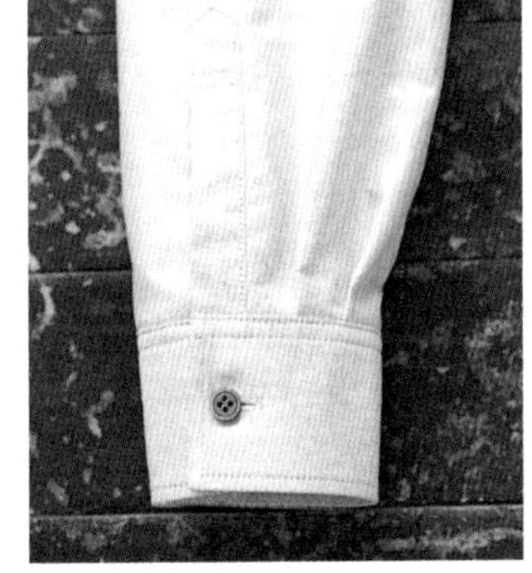

前开襟
半开襟（袖口衩条）

蝙蝠袖衬衫领罩衣

连着衣片裁剪的宽大蝙蝠袖，
整件罩衣突显肩部优美线条。
8 分袖、前开襟、袖口衩条为三折边，造型轻松。

制作方法　p. 32

三折边前开襟
利用缝线的开襟

蝙蝠袖立领罩衣

4

只需将 3 的领子改成立领，
纸型的其他制作方法相同，
面料质感独特，别样风格立现。

制作方法　p. 35

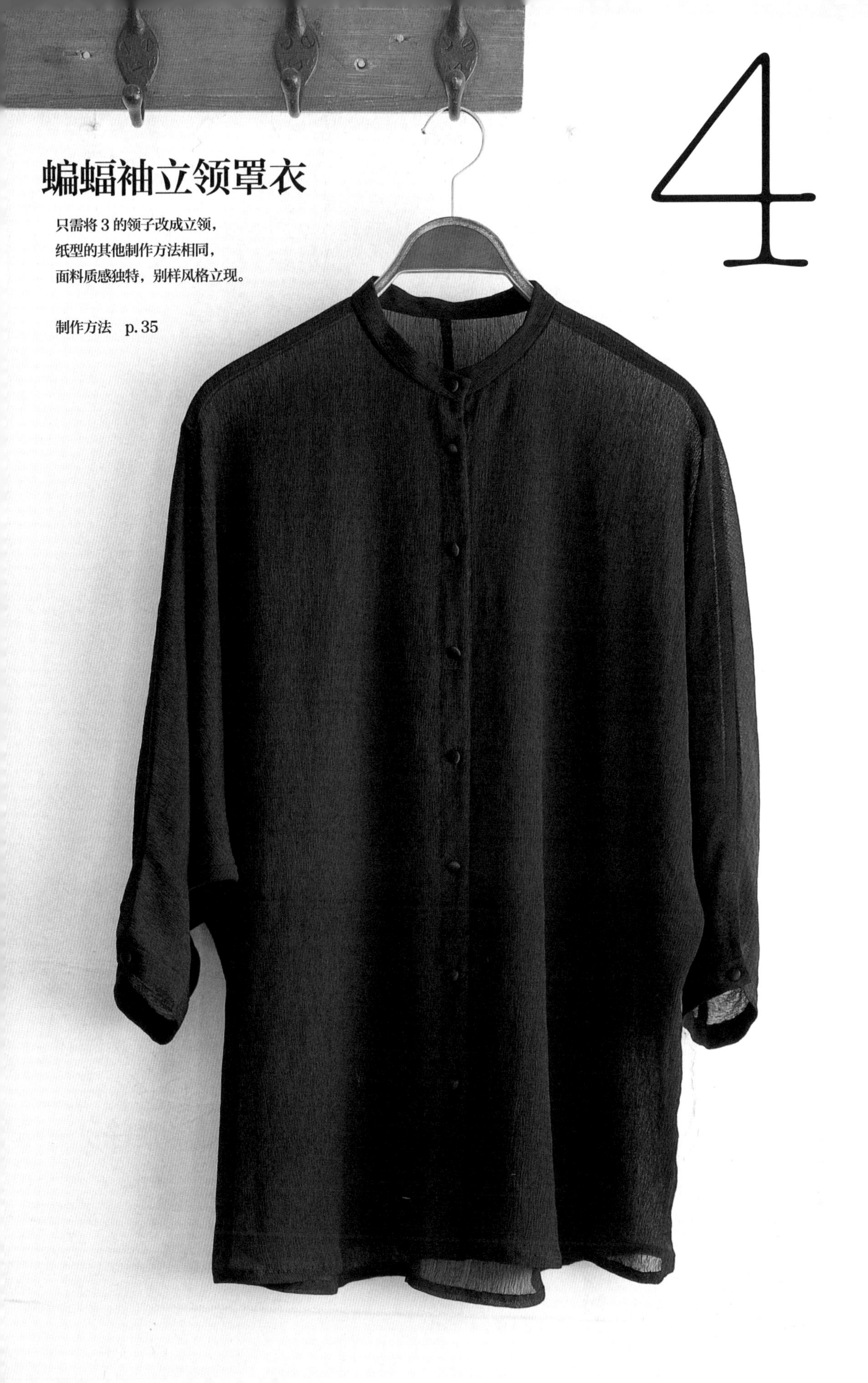

5

开口拉链开襟（链齿隐藏）

拉链隐藏式棉连帽衫

棉毛圈布材质的连帽衫，前方采用开口拉链开襟。
拉链无贴边，使用布带仔细处理。

制作方法　p.36

开口拉链开襟（链齿外露）

拉链外露式尼龙连帽衫

利用 5 的纸型，防水处理面料的运动连帽衫。
拉链外露设计，口袋也有拉链。

制作方法　p.40

暗开襟（纽扣）

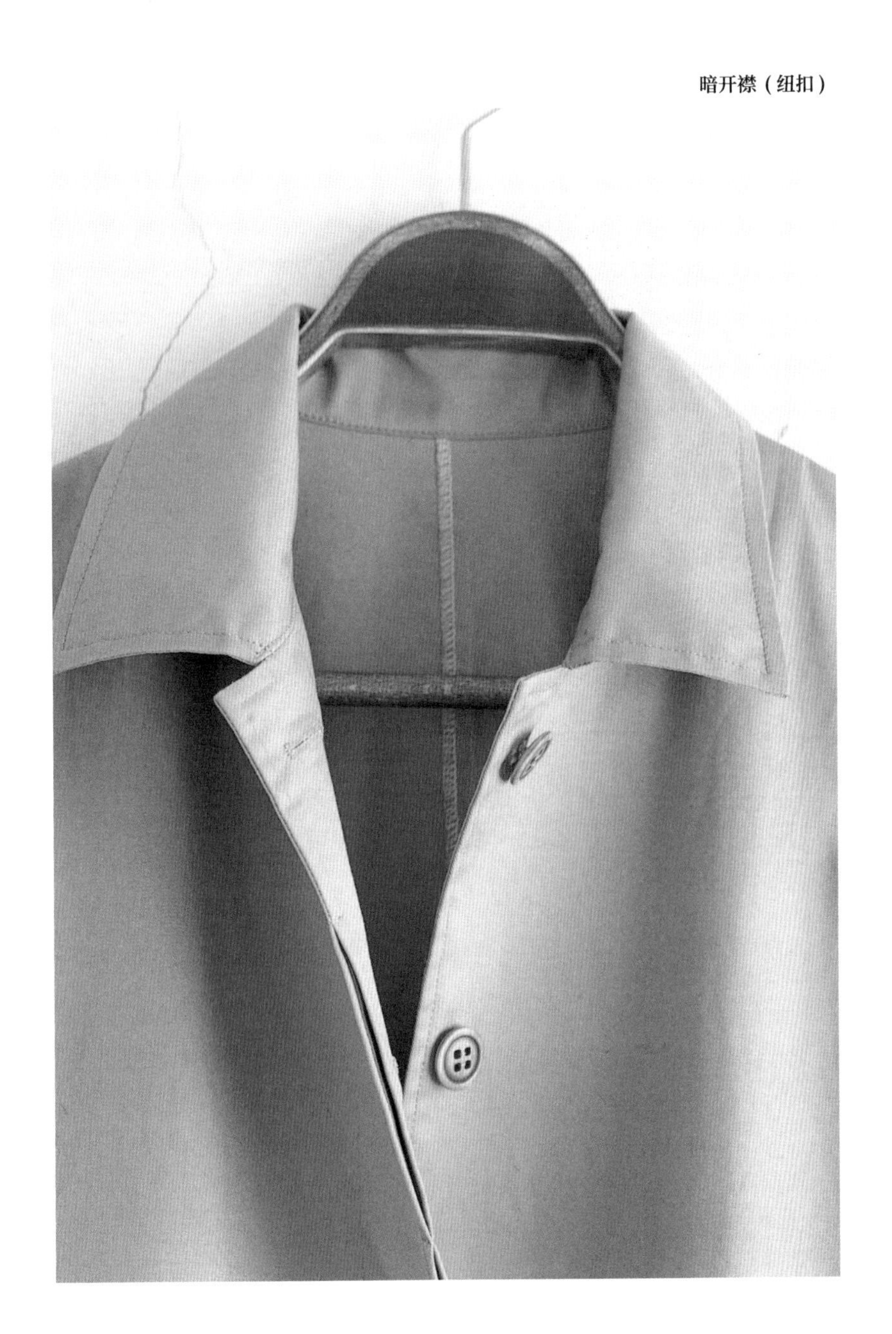

立式翻折领外套

前侧采用暗开襟的长外套。
剪裁简洁，突出线迹的自然设计效果。
使用无需里衬的单层布料制作而成。

制作方法　p.44

8

暗开襟（开口拉链）

高领外套

使用 7 的纸型，暗开襟的内侧缝接拉链，
立领及箱式口袋设计，经典造型的外套。

制作方法　p. 48

9

A 形过膝无袖连衣裙

无领、无袖的连衣裙，后中心制作开襟。
衣片的纸型相同，10 款的作品仅领窝设计不同。

制作方法　p. 52

口拉链开襟

A 形及膝无袖连衣裙

将 9 的连衣裙由过膝改为及膝设计，
采用厚布料制作成正装。
体验领窝的细节差异。

制作方法　p. 56

11

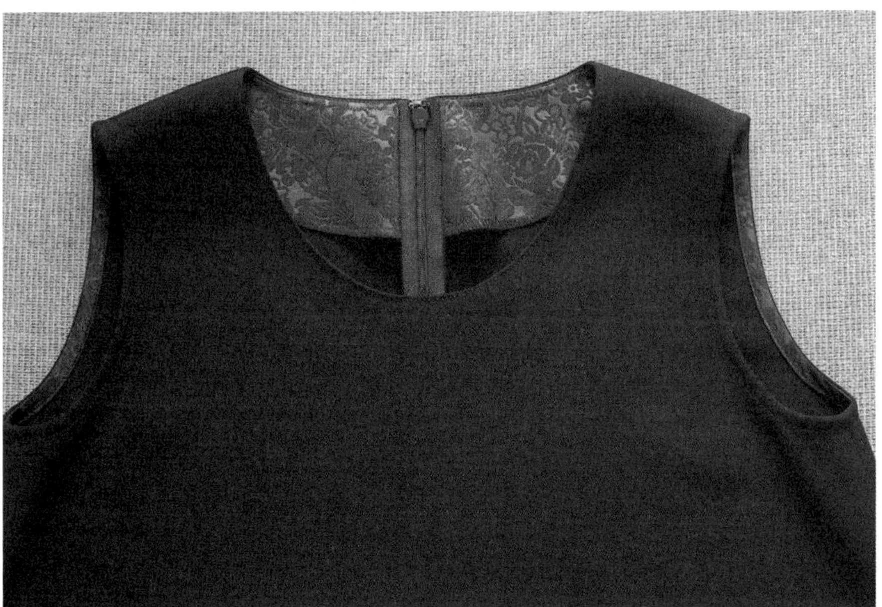

隐藏拉链开襟

12

13

外贴边领口方形斗篷

按布料原宽度尺寸将粗呢布裁剪为正方形，
斜裁方形制作领口开襟的斗篷。
贴边翻到外侧，组扣采用盘扣。

制作方法　p.60

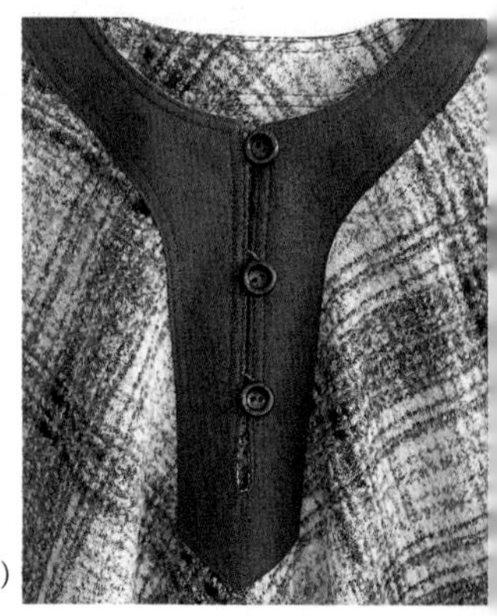

领口开襟（外贴边）

14

内贴边领口方形斗篷

与 13 一样无纸型，按粗呢布原宽度裁剪，并用相同布料贴边处理的领口开襟斗篷。
羊角扣是本款设计亮点。

制作方法　p. 62

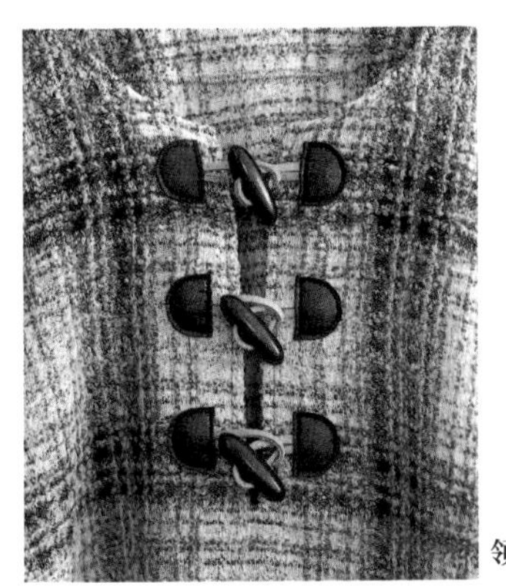

领口开襟（内贴边）

15

领口对合开襟

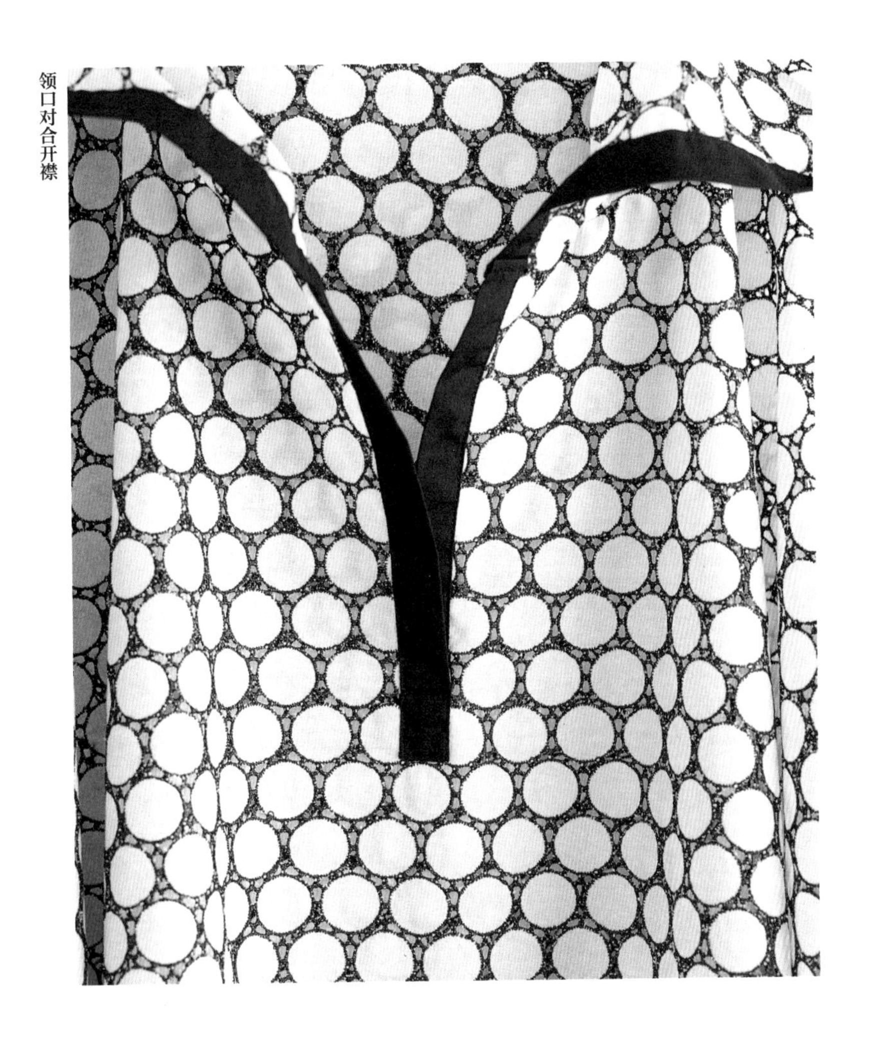

防晒连帽斗篷

夏季用斗篷，宽大的连帽可以遮挡阳光。
与布料颜色搭配的对合式开襟领口。
斜裁布带制作而成的袖口包边，再打个蝴蝶结，方便穿脱。

制作方法　p.64

百褶裙

腰围部分折出衣褶，左侧开衩的裙子。
开衩位置上端的腰围，采用内含腰带的滚边处理。

制作方法　p.66、p.67

16

隐藏拉链开衩

17

女式直筒裤

暗开襟的拉链设计，宽松度合适的直筒裤。
腰围采用舒适的低腰设计，还有实用的侧口袋及后口袋。

制作方法 p. 72

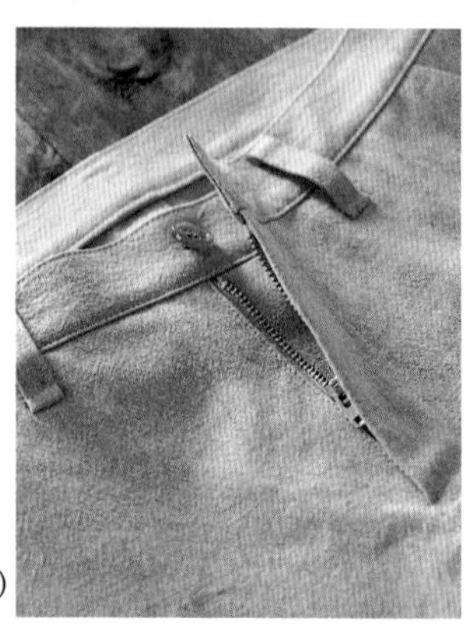
暗开襟（拉链）

19

男式直筒裤

与 18 的女式直筒裤的制作方法相同，同材质的不同颜色的男式裤装。
裁剪纸型的大小不同，缝制方法相同。

制作方法 p.73

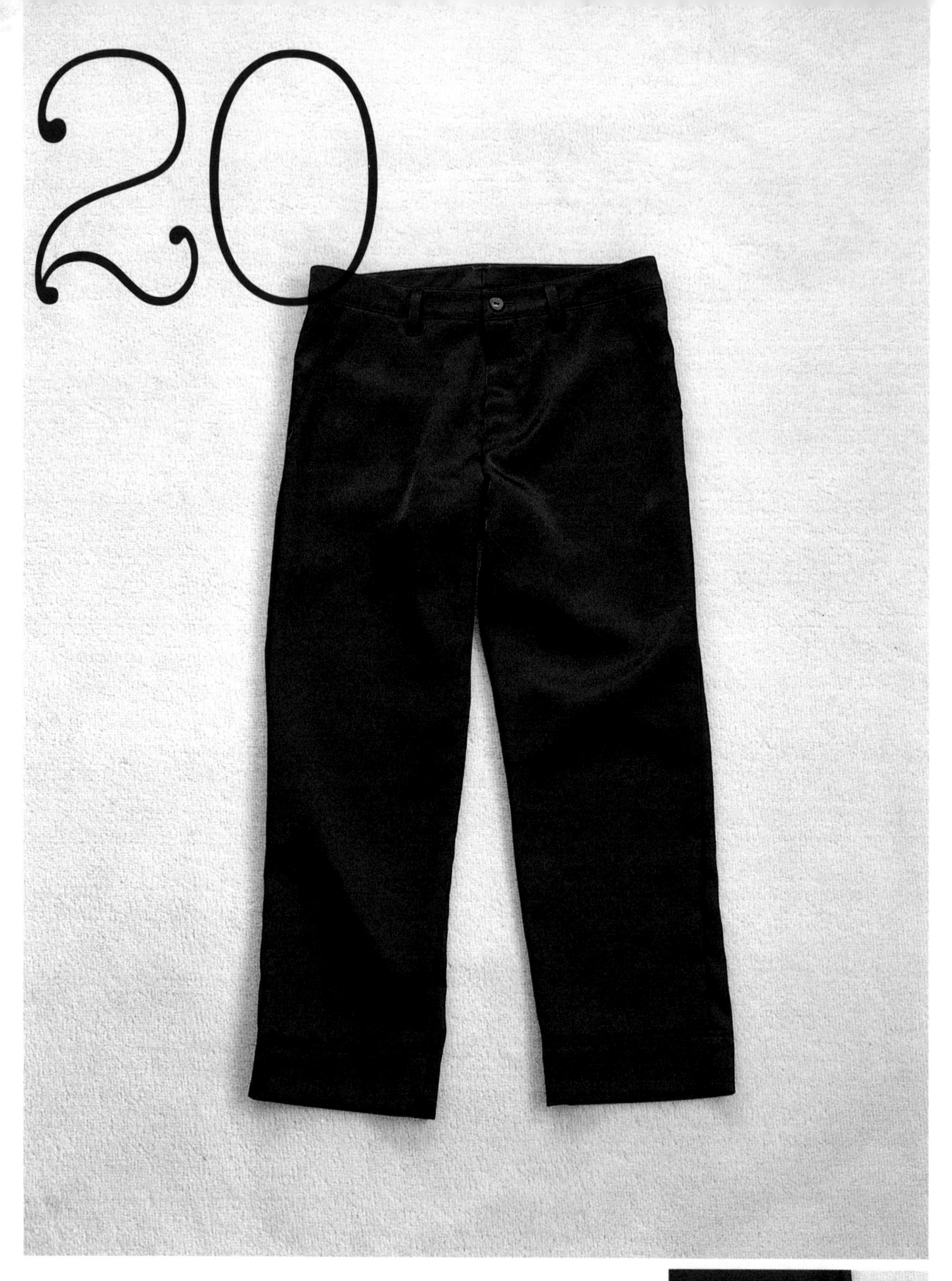

七分裤

将 18 的裤长改短，裤脚加入开衩。
采用富有光泽感的缎面布料，也是设计亮点之一。
只需改变布料，就能呈现不同感觉。

制作方法　p.76

暗开襟（拉链、开衩）

how to make

开襟的缝制方法

1 男友风女式衬衫→p.2

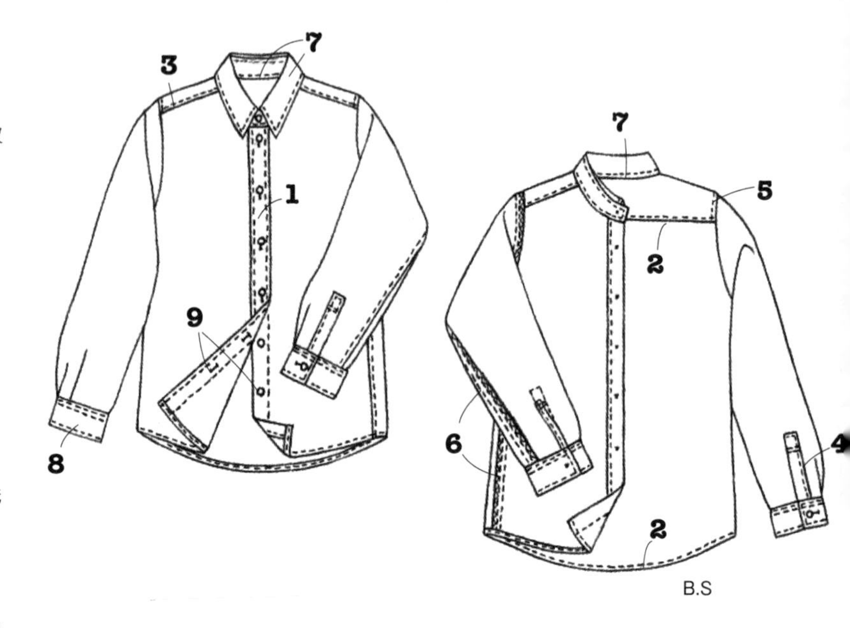

●所需纸型【A面】
前衣片、后衣片、过肩、袖、面领、底领、衩条、掩襟、前开襟布、袖头

●材料
表布=110cm×200cm
黏合衬=90cm×70cm
纽扣=直径1cm×9个

●裁剪
过肩、袖、面领、底领、掩襟各2片，右前衣片、左前衣片、前开襟布、后衣片各1片，袖头4片。参照裁剪方法图，贴黏合衬。

●缝制步骤

1 缝合前衣片、前端的开襟。
→p.28（前开襟）
2 缝合后衣片和过肩。衣摆三折边之后明线车缝。※图
3 缝合前肩和过肩。※图
4 缝合袖口的开衩。
→p.29（半开襟）
5 正面向内缝合袖子和衣片的袖窿，处理缝份。袖山的缝份压向衣片侧，明线车缝于过肩。
6 正面对合前后衣片和袖子，从袖底连续缝合至侧身，缝份处理之后压向后衣片侧，明线车缝。※图
7 制作领子，并缝接于衣片的领窝。※图
8 制作袖头，缝接于袖口。※图
9 前开襟部分和袖头开扣眼，缝接纽扣。

裁剪图

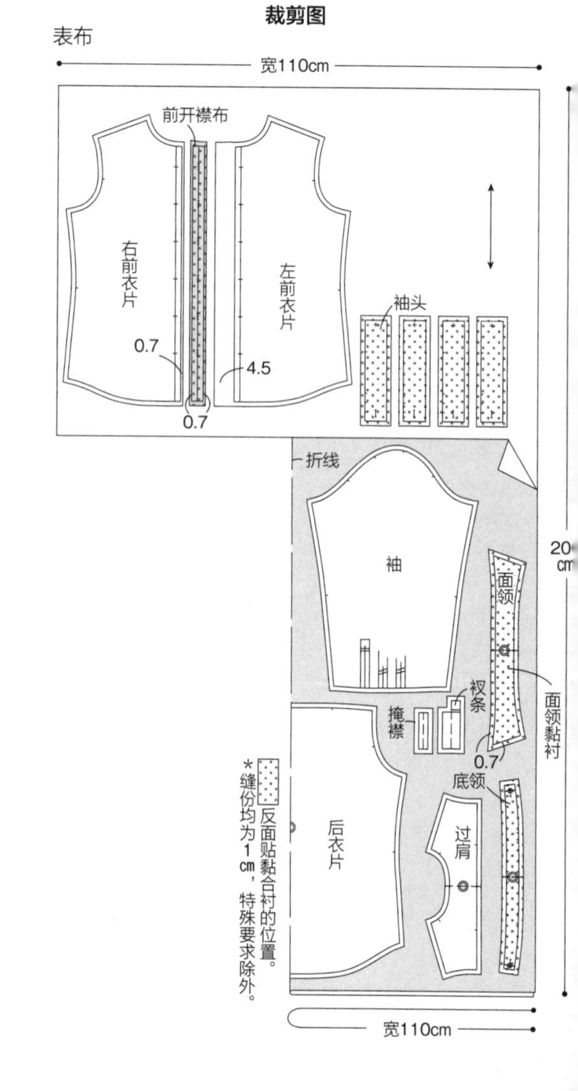

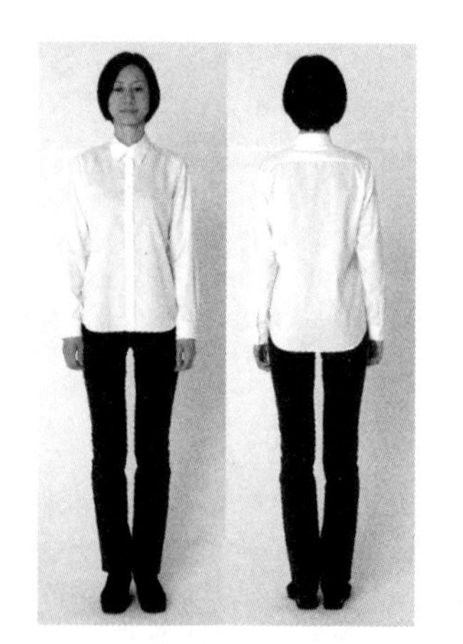

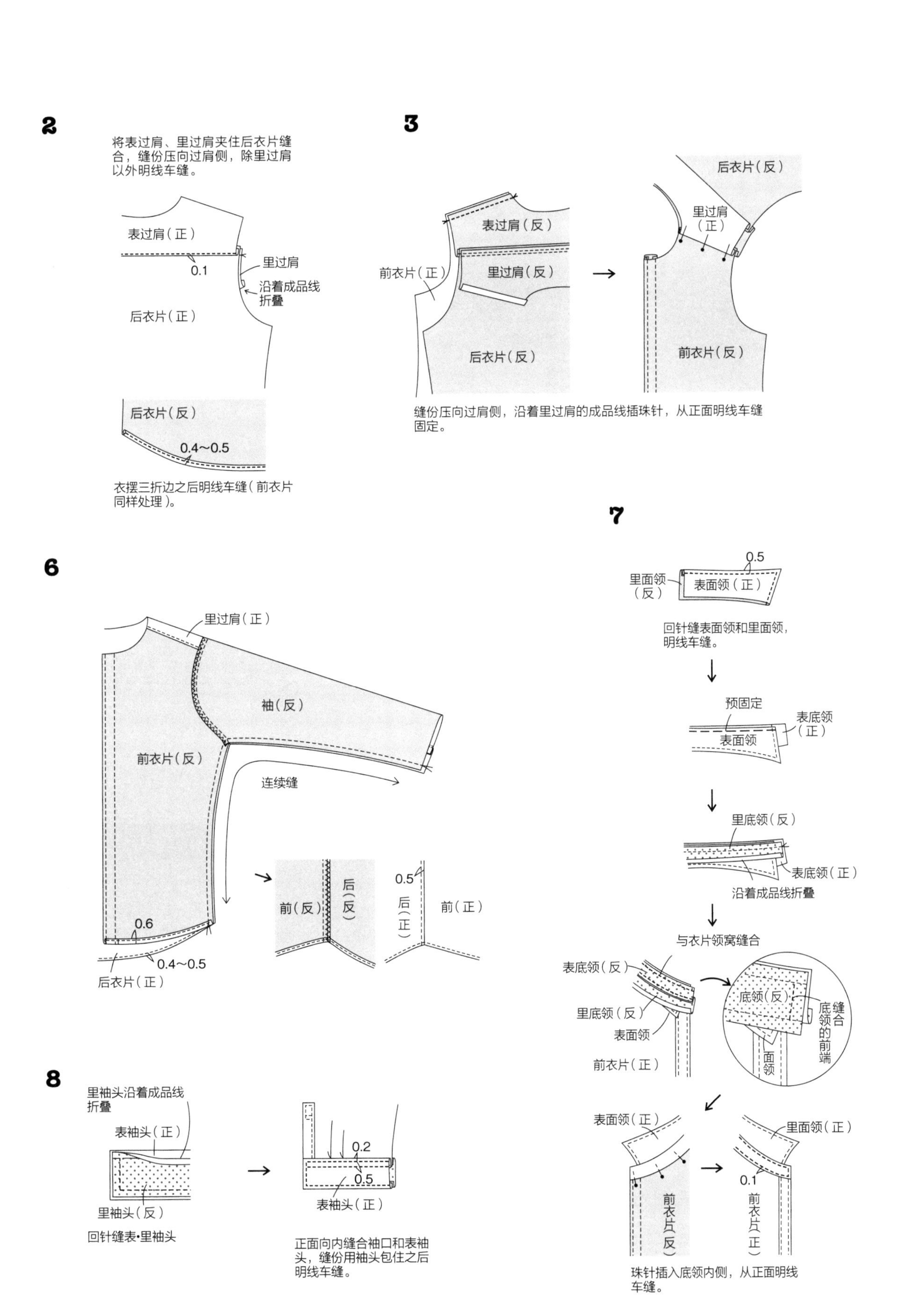
2
将表过肩、里过肩夹住后衣片缝合，缝份压向过肩侧，除里过肩以外明线车缝。
表过肩（正）
0.1
里过肩
沿着成品线折叠
后衣片（正）
后衣片（反）
0.4～0.5
衣摆三折边之后明线车缝（前衣片同样处理）。
3
表过肩（反）
前衣片（正）
里过肩（反）
后衣片（反）
后衣片（反）
里过肩（正）
前衣片（反）
缝份压向过肩侧，沿着里过肩的成品线插珠针，从正面明线车缝固定。
6
里过肩（正）
袖（反）
前衣片（反）
连续缝
0.6
0.4～0.5
后衣片（正）
前（反）
后（反）
0.5
后（正）
前（正）
7
0.5
里面领（反）
表面领（正）
回针缝表面领和里面领，明线车缝。
预固定
表底领（正）
表面领
里底领（反）
表底领（正）
沿着成品线折叠
与衣片领窝缝合
表底领（反）
里底领（反）
表面领
前衣片（正）
底领（反）
缝合底领的前端
面领
表面领（正）
前衣片（反）
里面领（正）
0.1
前衣片（正）
珠针插入底领内侧，从正面明线车缝。
8
里袖头沿着成品线折叠
表袖头（正）
里袖头（反）
回针缝表•里袖头
0.2
0.5
表袖头（正）
正面向内缝合袖口和表袖头，缝份用袖头包住之后明线车缝。

前开襟

前开襟布缝接于上前衣片端部的开襟。通过右前衣片重合于上方的“右前衣片在上”进行说明。“左前衣片在上”时，左右颠倒之后同样缝制（2男式衬衫）。

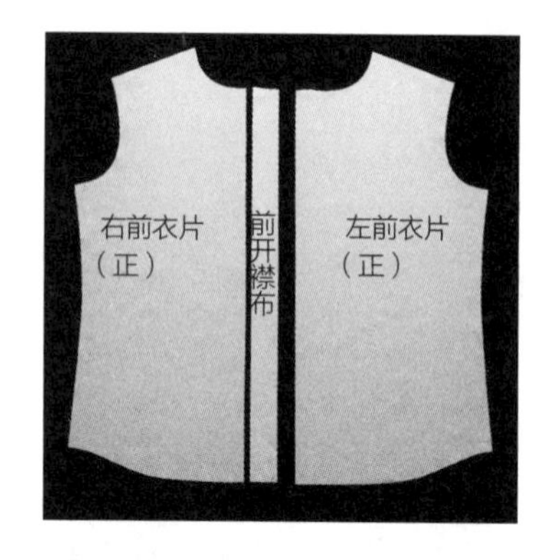

1 沿着成品线，熨烫折入前开襟布的一端和左衣片的前开襟。

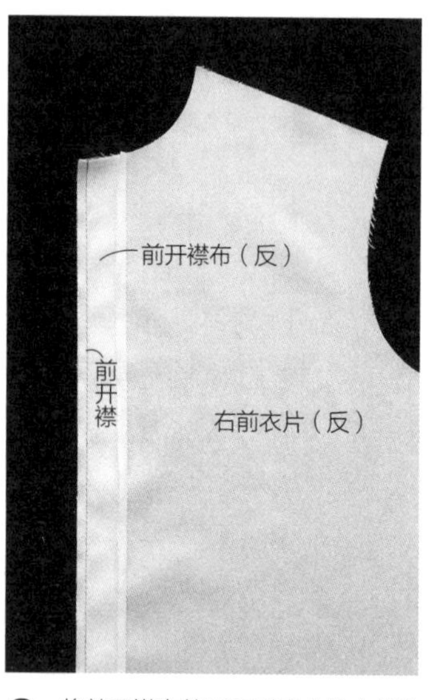

2 将前开襟布的正面对齐右前衣片的反面，缝合前开襟。

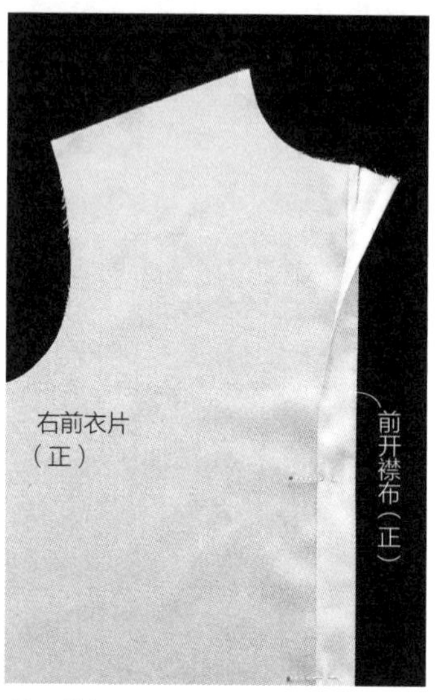

3 将前开襟布翻到正面，熨烫平整。

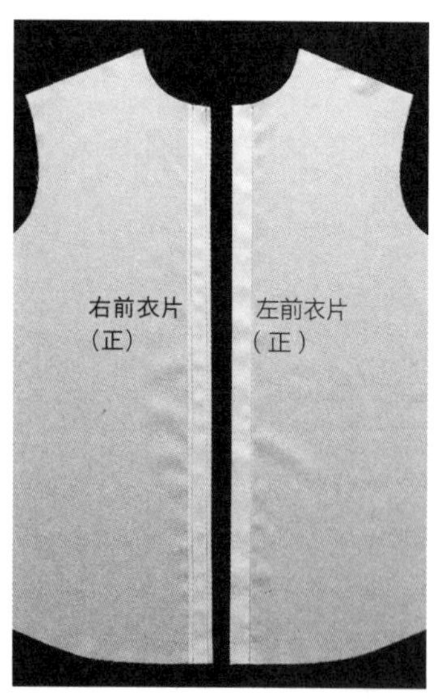

4 右衣片的前开襟两端和左衣片的三折边端部，明线车缝。至此，前开襟完成。

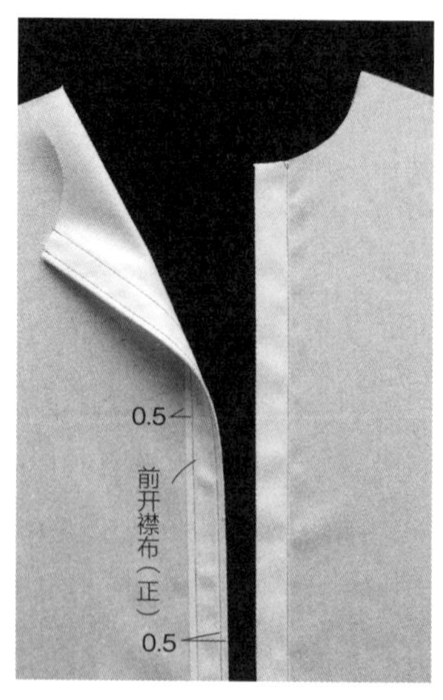

放大图

缝接领子，右衣片开扣眼，左衣片缝接纽扣。

半开襟（袖口衩条）

加入剪口之后缝接袖口衩条。
用于开衩至中途位置。
通过右袖口进行说明，左袖口颠倒左右顺序即可。

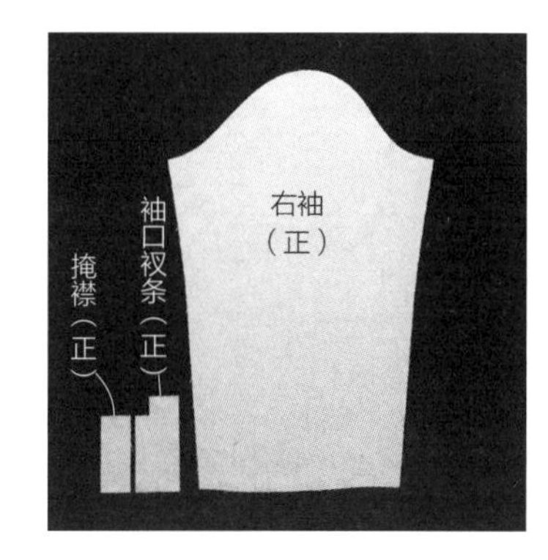

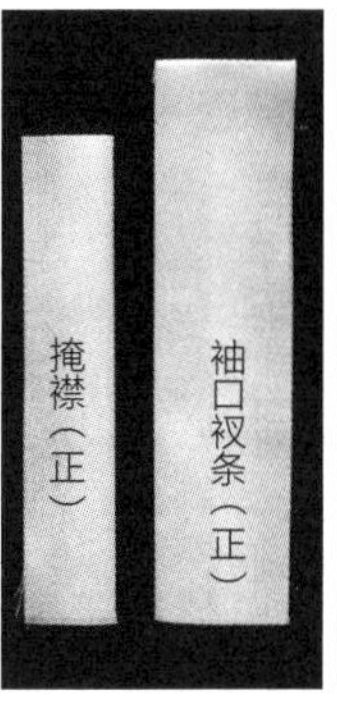

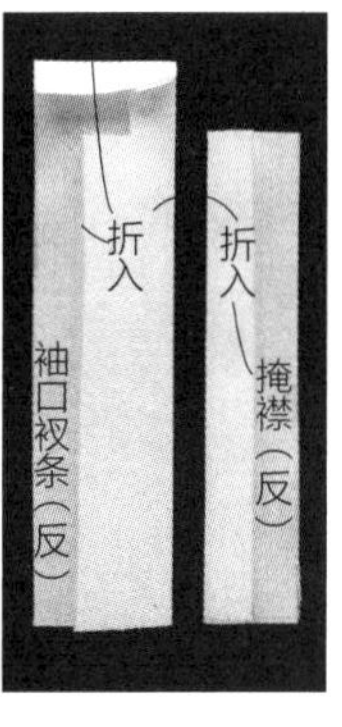

1　沿着成品线，熨烫折入袖口衩条和掩襟。

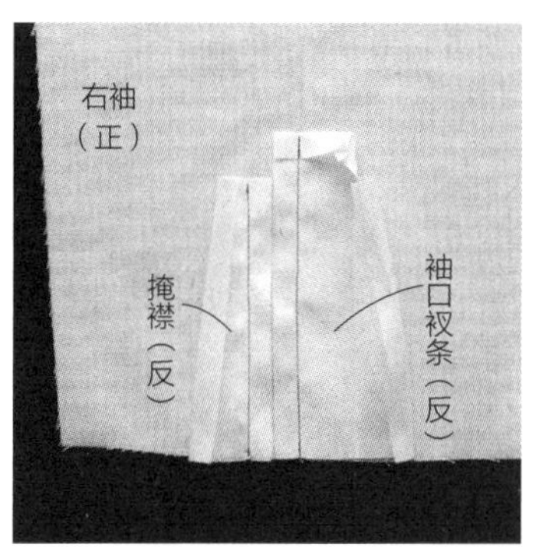

2　将袖口衩条和掩襟正面对合，缝合于袖口的开衩位置。

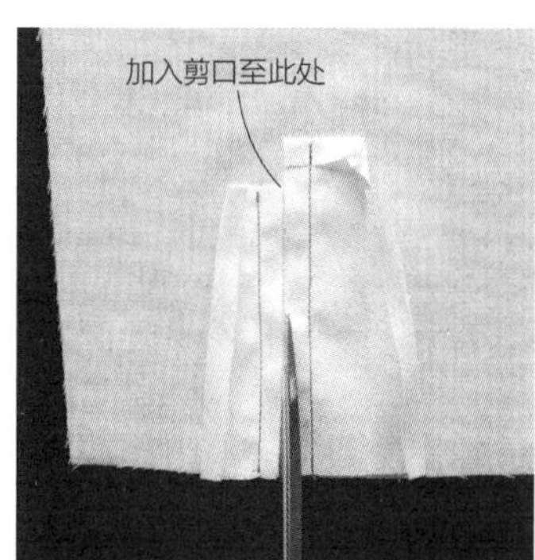

3　加入剪口至掩襟上方。

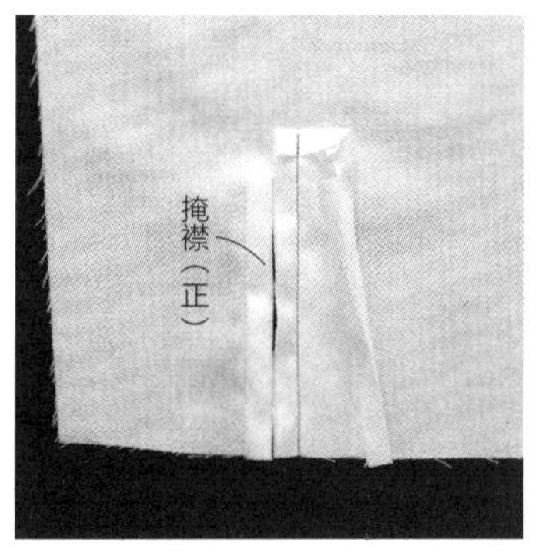

4　包住缝份，将掩襟翻到反面，并插珠针固定。

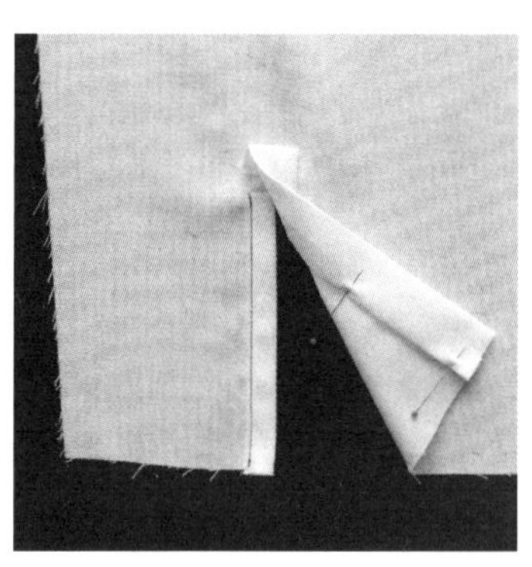

5　掩襟完成明线车缝的状态。袖口衩条同样翻到反面，并插珠针固定。

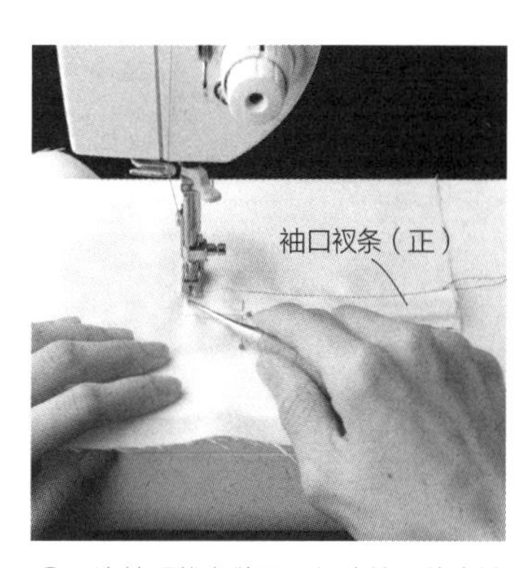

6　连续明线车缝至开衩止处，缝合袖口衩条。

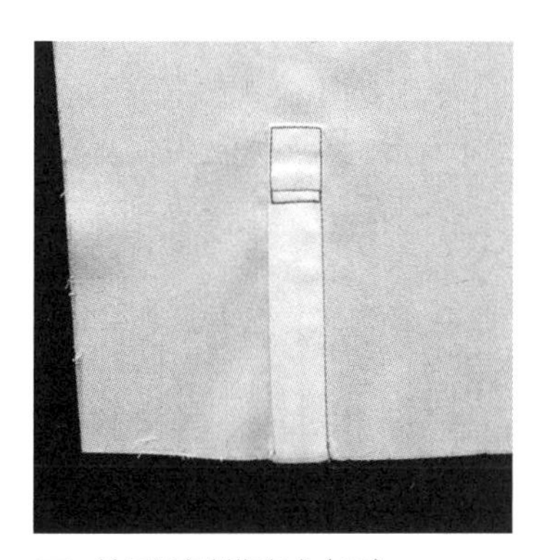

7　袖口衩条制作完成（正）。

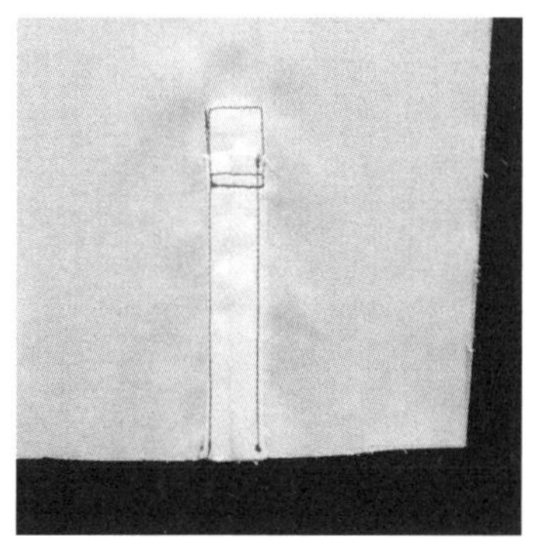

（反）

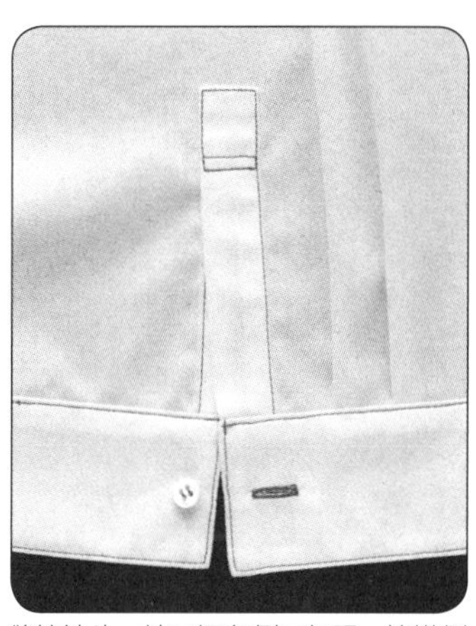

缝接袖头，袖口衩条侧开扣眼，掩襟侧缝接纽扣。

男式衬衫→p.3

●所需纸型【D面】

前衣片、后衣片、过肩、袖、面领、底领、袖口衩条、下衩条、前开襟布、袖头

●材料

表布=110cm×230cm

黏合衬=90cm×80cm

纽扣=直径1cm×9个

●裁剪

过肩、袖、面领、底领、袖口衩条、下衩条各2片，右前衣片、左前衣片、前开襟布、后衣片各1片，袖头4片。参照裁剪方法图，贴黏合衬。

●缝制步骤（参照p.27）

1 缝合前衣片、前端的开襟。
→p.28（前开襟）

2 缝合后衣片和过肩。衣摆三折边之后明线车缝。

3 缝合前肩和过肩。

4 缝合袖口的开衩。
→p.31（半开襟：袖口衩条）

5 正面向内缝合袖子和衣片的袖窿，处理缝份。袖山的缝份压向衣片侧，明线车缝于过肩。

6 正面对合前后衣片和袖子，从袖底连续缝合至侧身，缝份处理之后压向后衣片侧，明线车缝。

7 制作领子，缝接于衣片的领窝。

8 制作袖头，缝接于袖口。

9 前开襟部分和袖头开扣眼，缝接纽扣。

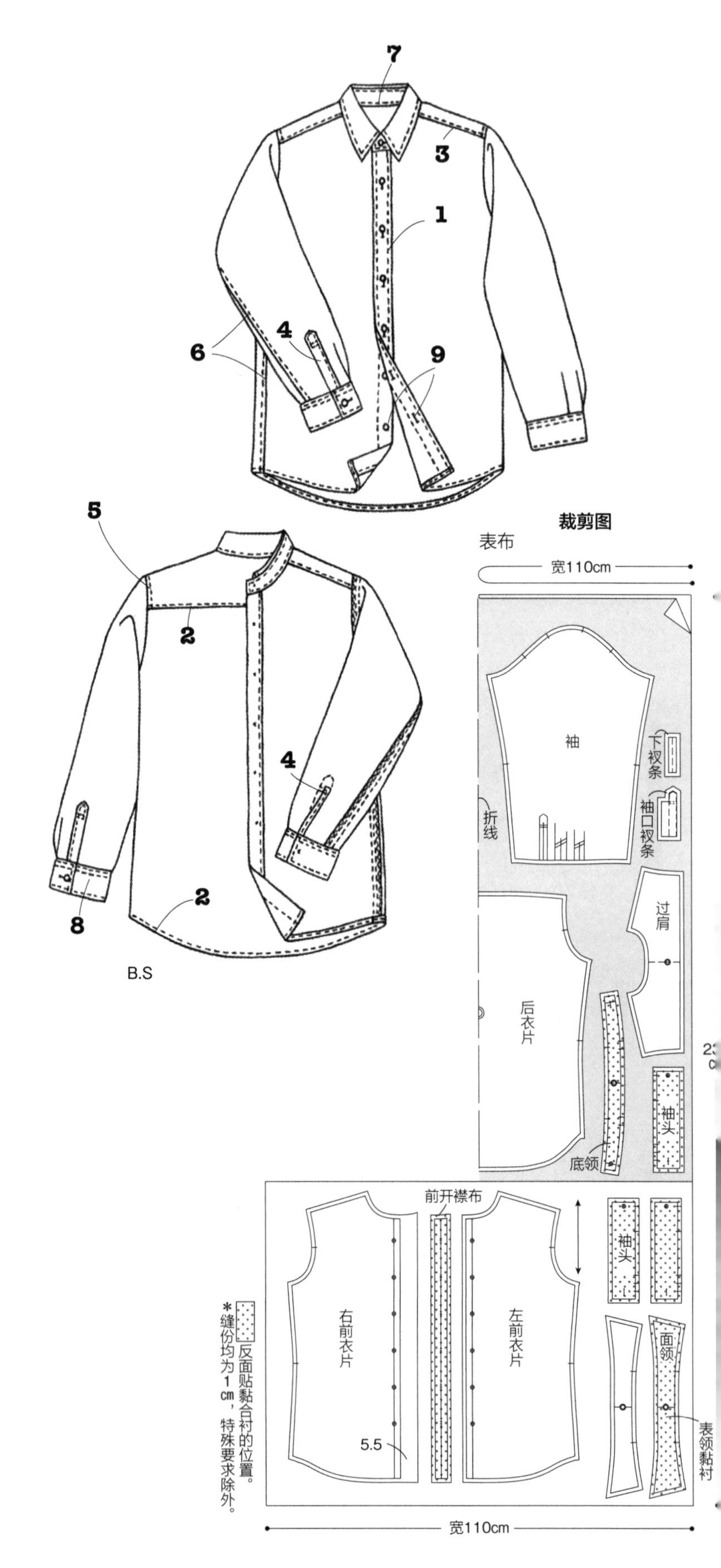

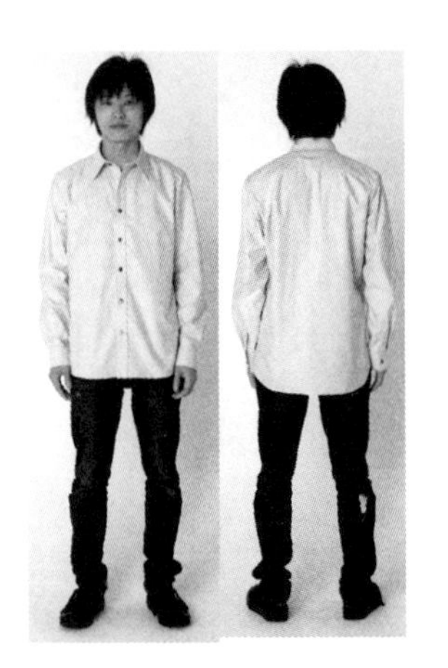

半开襟（袖口衩条）

与 1 的半开襟相同，但袖口衩条的形状形似箭头，且掩襟称作“下衩条”，主要用于制作男式服装。

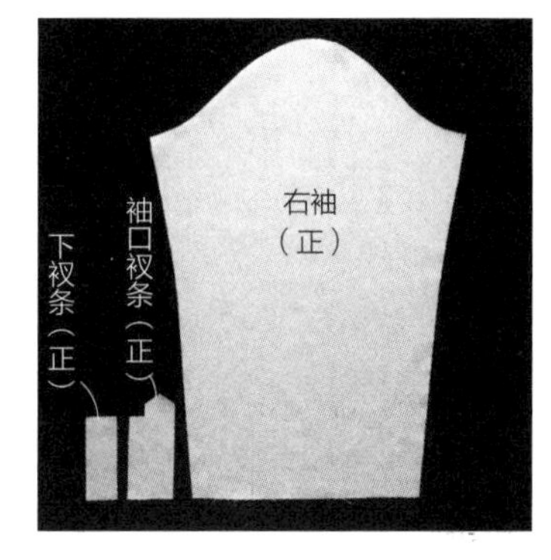

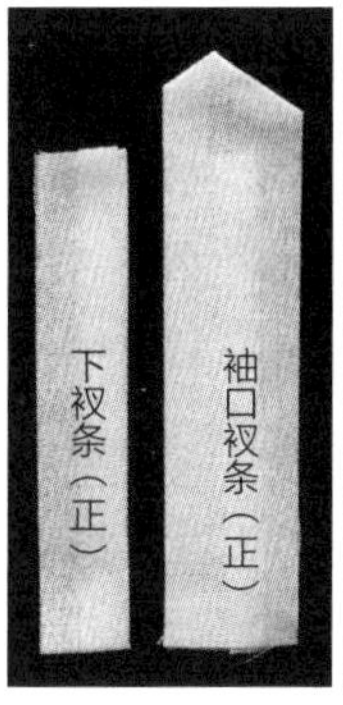

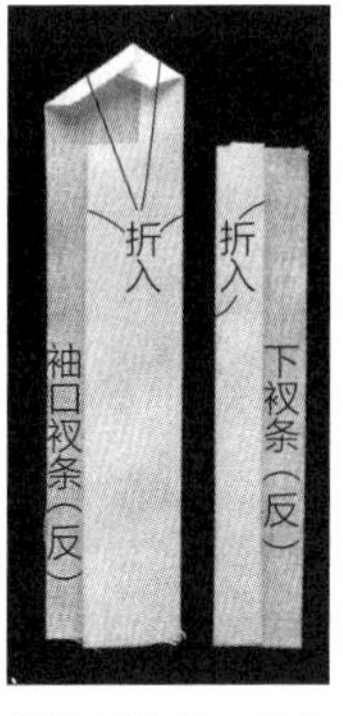

1 沿着成品线，熨烫折入袖口衩条和下衩条。

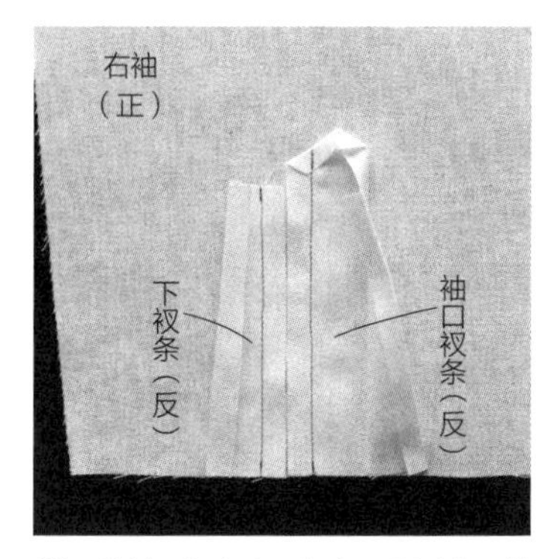

2 将袖口衩条和下衩条正面对合，缝合于袖口的开衩位置。

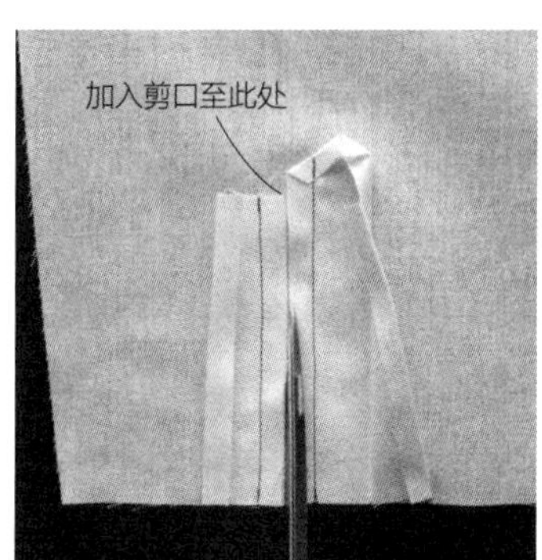

3 加入剪口至下衩条上方。

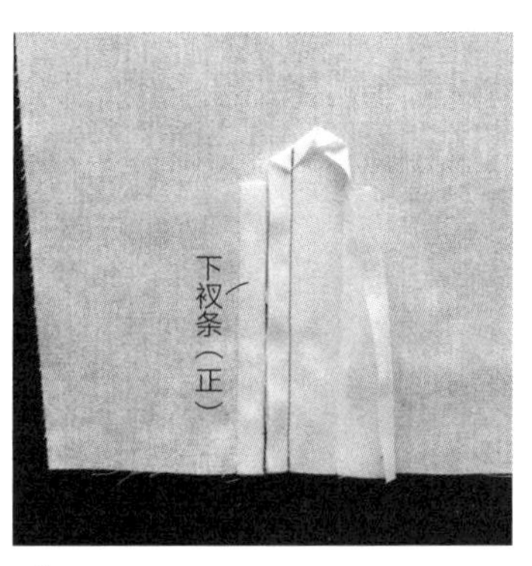

4 包住缝份，将下衩条翻到反面，并插珠针固定。

5 下衩条完成明线车缝的状态。袖口衩条同样翻到反面，并插珠针固定。

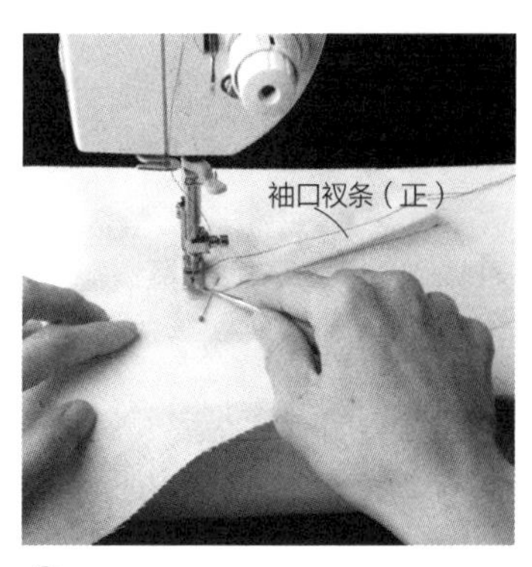

6 连续明线车缝至开衩止处，缝合袖口衩条。

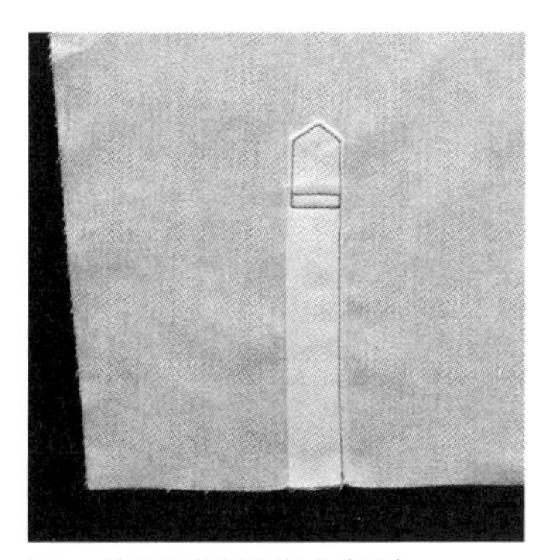

7 袖口衩条制作完成（正）。

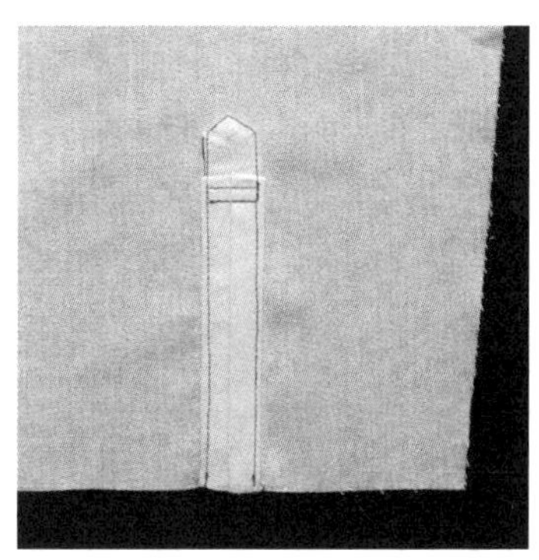

（反）

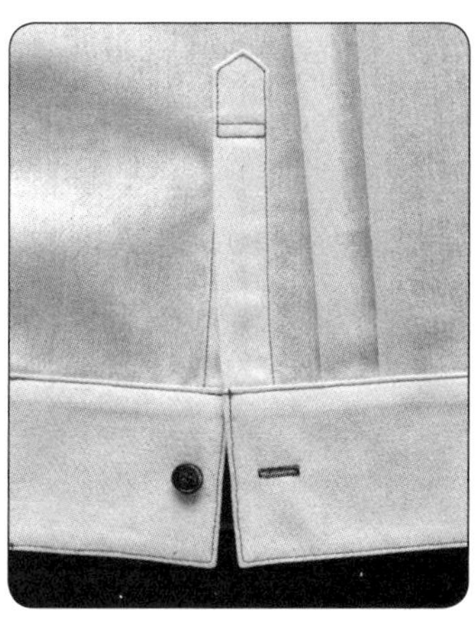

缝接袖头，袖口衩条侧开扣眼，下衩条侧缝接纽扣。

蝙蝠袖衬衫领罩衣→p.4

●**所需纸型【B面】**
前衣片、后衣片、面领、底领、袖头
●**材料**
表布 =110cm×220cm
黏合衬 =90cm×50cm
纽扣 = 直径 1.15cm×9 个
●**裁剪**
前衣片、后衣片、面领、底领、袖头各 2 片。
参照裁剪方法图，贴黏合衬。
●**缝制步骤**

1. 缝合前衣片、前端的开襟。
→p.33（三折边前开襟）
2. 正面对合前后衣片之后缝合肩部，并缝合袖口的开衩。
→p.34（利用缝线的开襟）
3. 正面对合左右后衣片之后缝合后中心，缝份处理之后压向右衣片侧，明线车缝。
4. 正面对合前后衣片之后从袖底缝至侧身，缝份处理之后压向后衣片侧，明线车缝。※图
5. 制作领子，缝接于衣片的领窝。
→p.27 的 7
6. 袖头缝接于袖口。※图
7. 衣摆三折边，明线车缝。※图
8. 前开襟部分和袖头开扣眼，缝接纽扣。

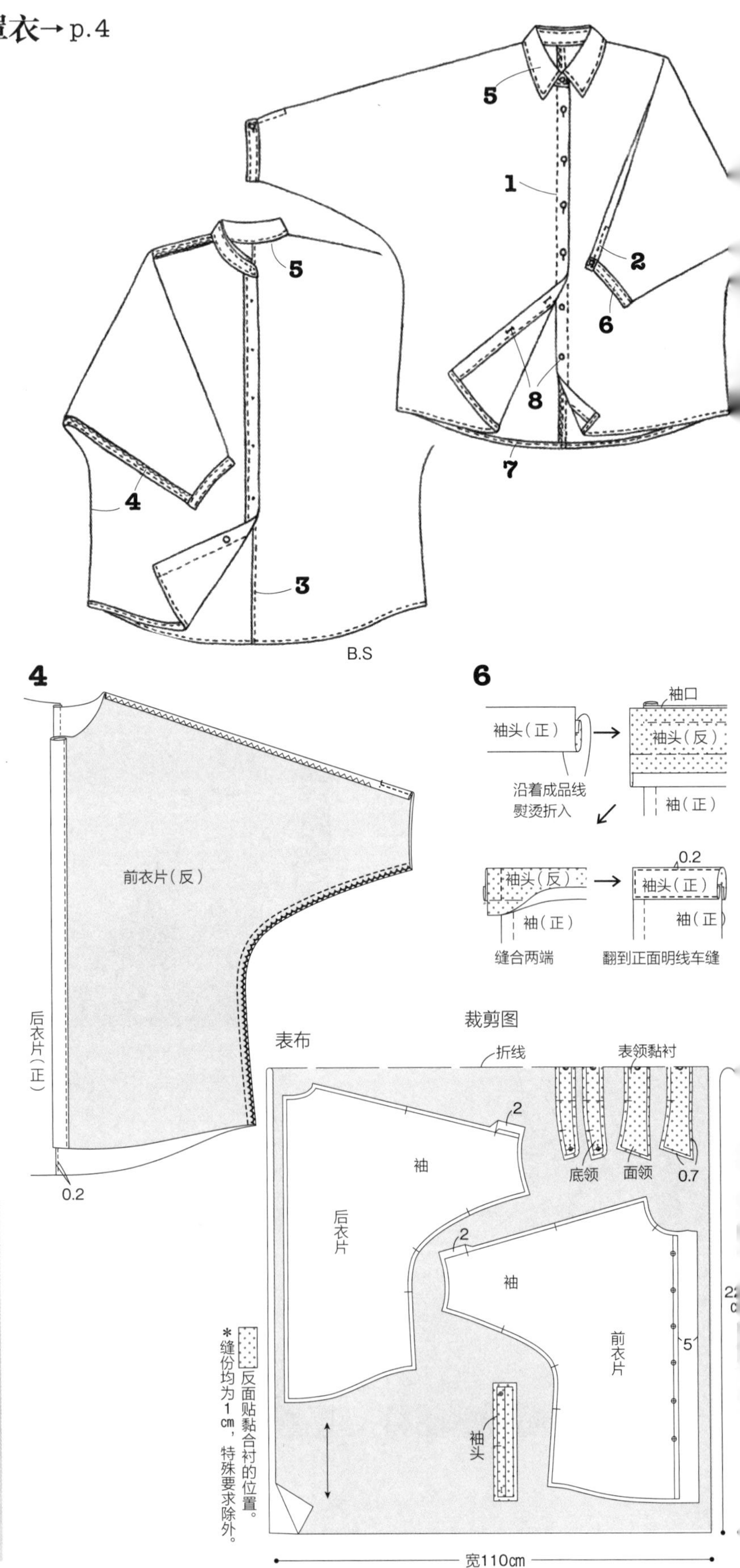

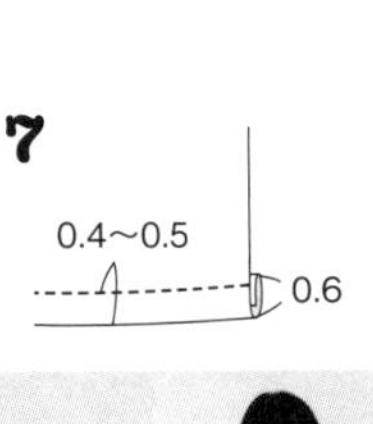

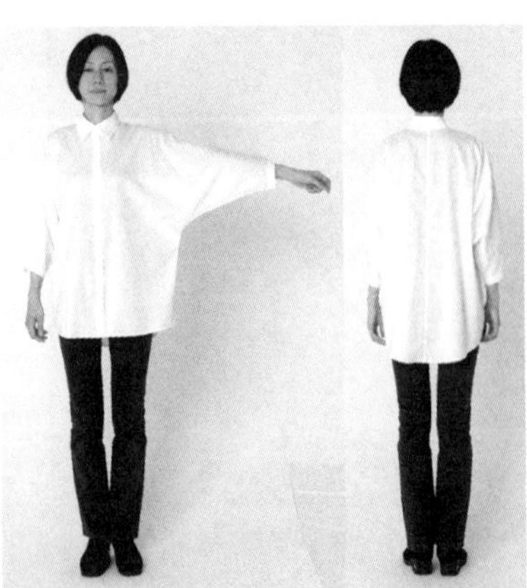

三折边前开襟

三折边前开襟的缝份即可，是最简单的开襟方法。三折边部分通过开扣眼、缝接纽扣固定，可以不用明线车缝。此处，对明线车缝的方法进行说明。

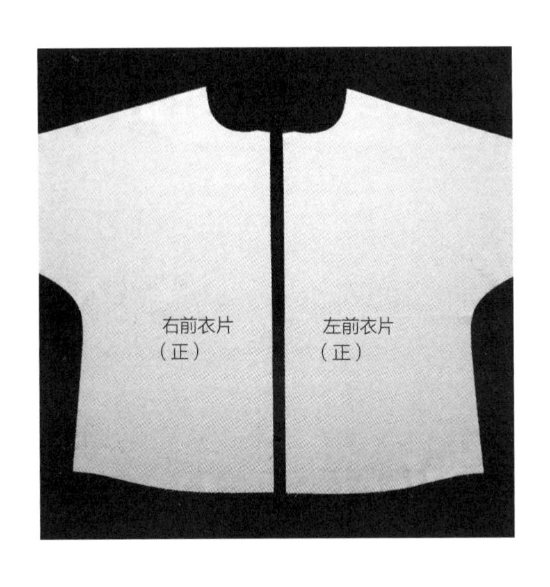

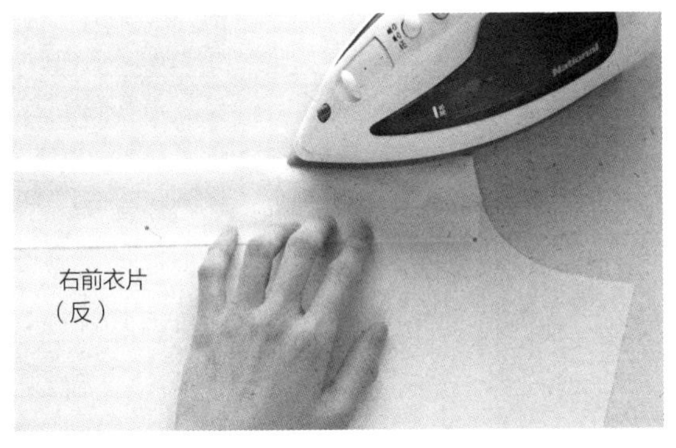

1　三折边前开襟缝份。首先，按成品状态对折。

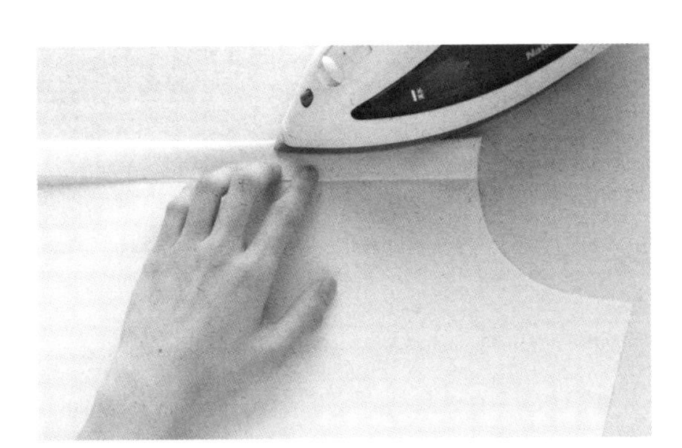

2　展开步骤 1 成品，折入缝份宽度的一半。

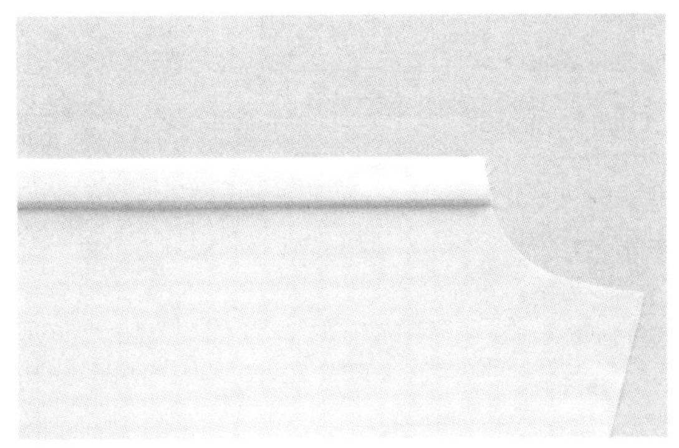

3　在步骤 2 的状态下，沿着成品线折入。

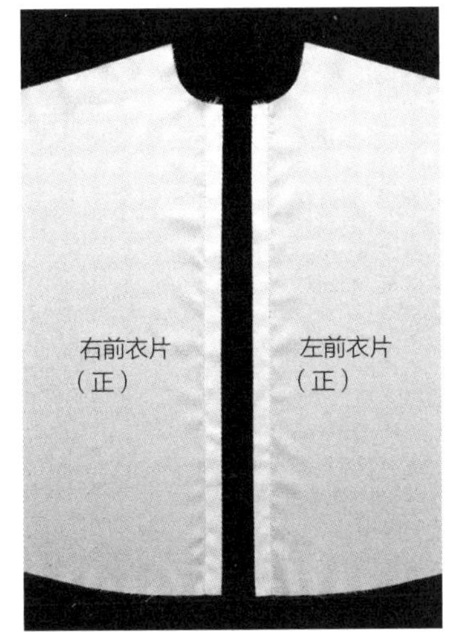

4　三折边之后，端部明线车缝。三折前开襟完成。

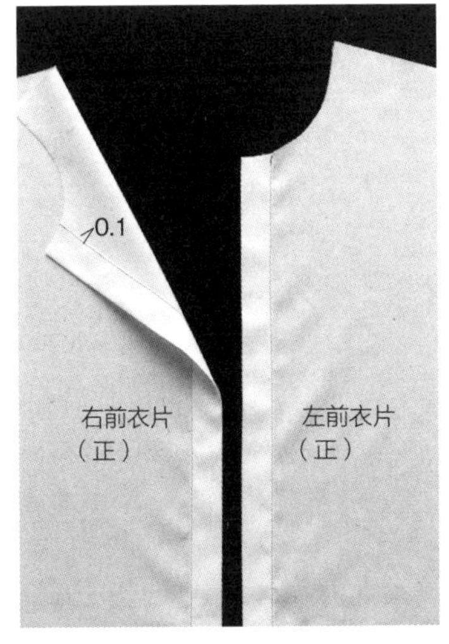

放大图

缝接领子，底领及右前中心开扣眼，左前中心缝接纽扣。

利用缝线的开襟

无剪口，沿着缝线延长制作的开衩。
因为相互对合，注意留缝份。

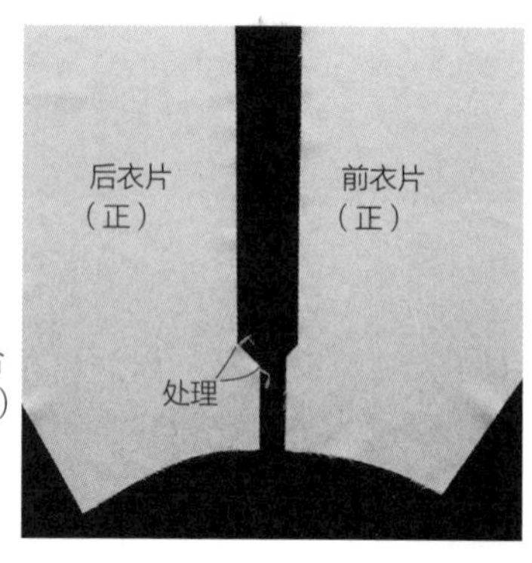

裁剪。处理对合部分下侧（掩襟）的后缝份局部。

1 前后分别沿着成品线熨烫三折边。

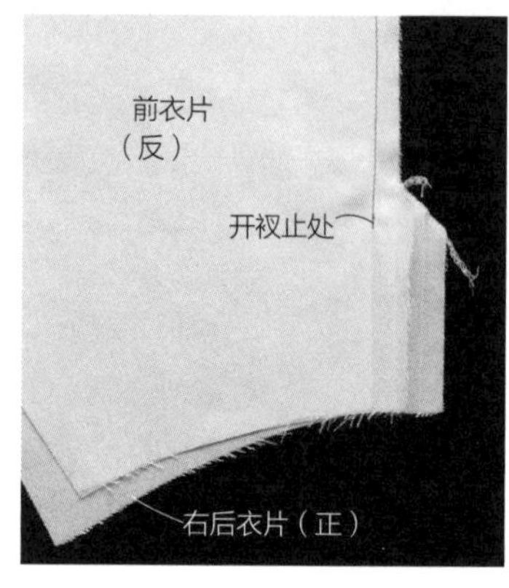

2 摊开步骤 1 折出的缝份，正面对合前后衣片，缝合开衩止处。

3 再次三折边开衩部分，处理缝份。

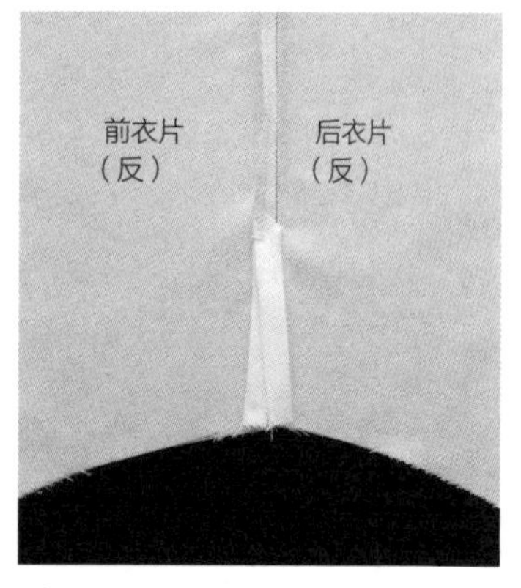

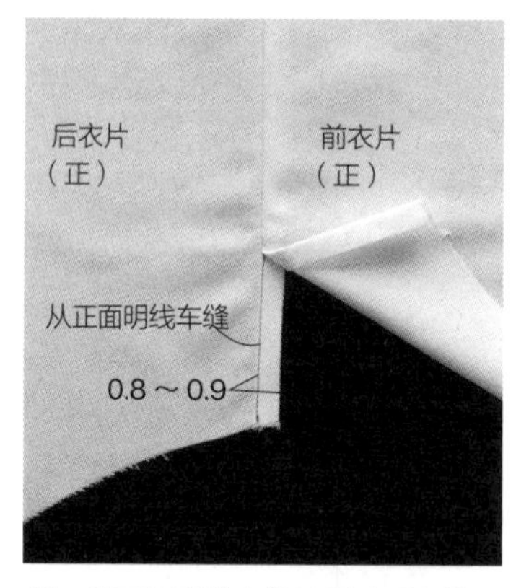

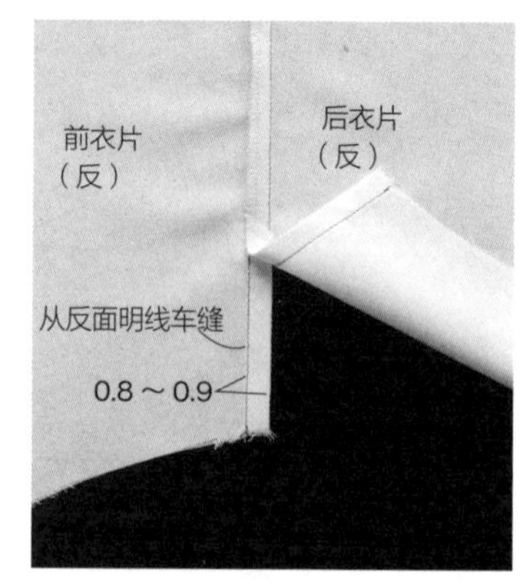

4 缝份压向对合部分上侧（前）。

5 从正面明线车缝下侧（后）的三折边。

6 从反面明线车缝上侧（前）的三折边。

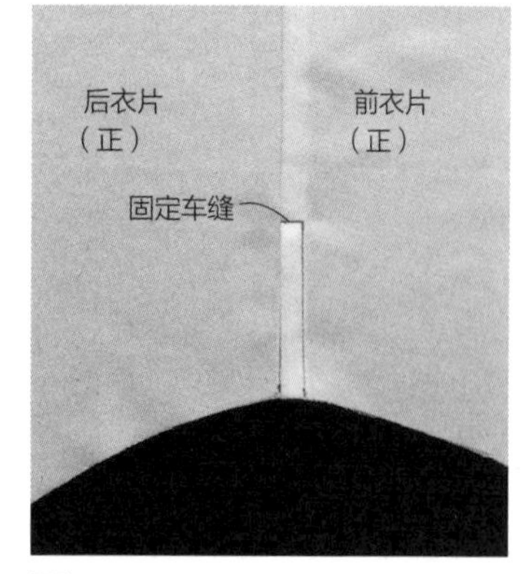

7 开衩止处固定车缝。利用缝线的开衩完成。

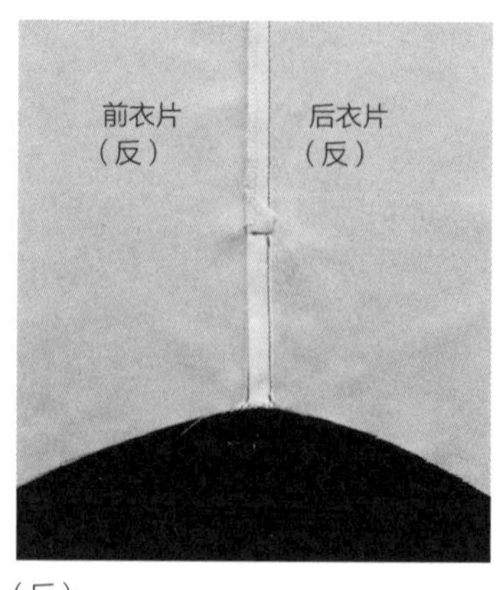

（反）

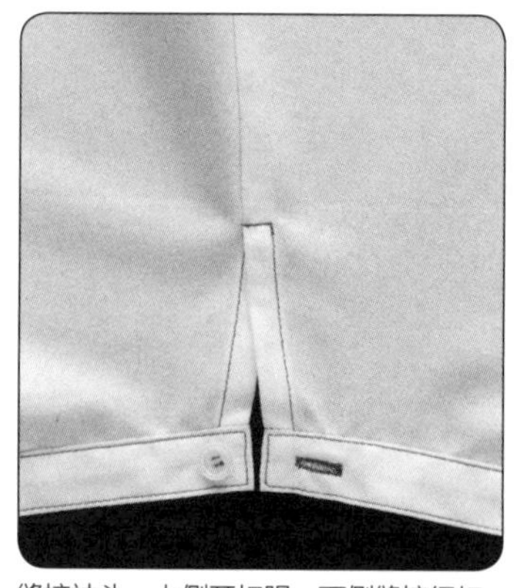

缝接袖头，上侧开扣眼，下侧缝接纽扣。

蝙蝠袖立领罩衣→p.5

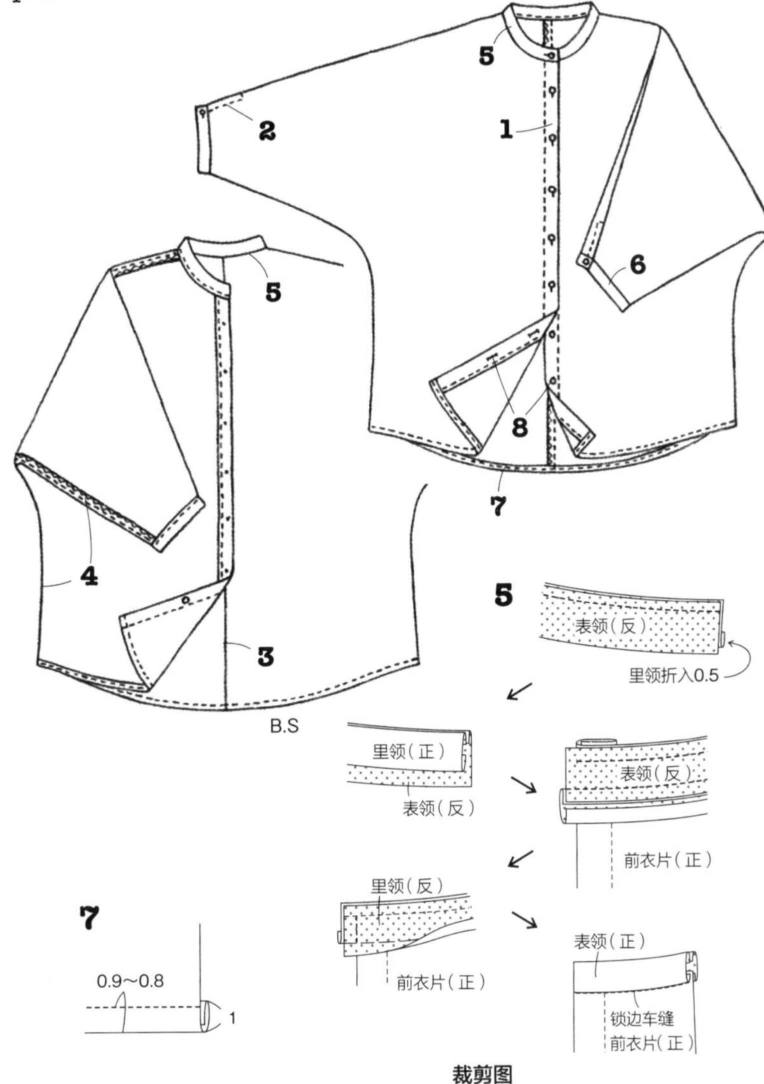

●所需纸型【B 面】

前衣片、后衣片、领子、袖头

●材料

表布 =108cm×220cm

黏合衬 =90cm×50cm

纽扣 = 直径 1cm×10 个

●裁剪

前衣片、后衣片、领子、袖头各 2 片。参照裁剪方法图，贴黏合衬。

●缝制步骤

1 缝合前衣片、前端的开襟。
→p.33（三折边前开襟）

2 正面对合前后衣片之后缝合肩部，并缝合袖口的开衩。
→p.34（利用缝线的开襟）

3 正面对合左右后衣片之后缝合后中心，缝份处理之后压向右衣片侧。

4 正面对合前后衣片之后从袖底缝至侧身，缝份处理之后压向后衣片侧。p.32 的 4

5 制作领子，缝接于衣片的领窝。※ 图

6 袖头缝接于袖口。p.32 的 6

7 衣摆三折边，明线车缝。※ 图

8 前开襟部分和袖头开扣眼，缝接纽扣。

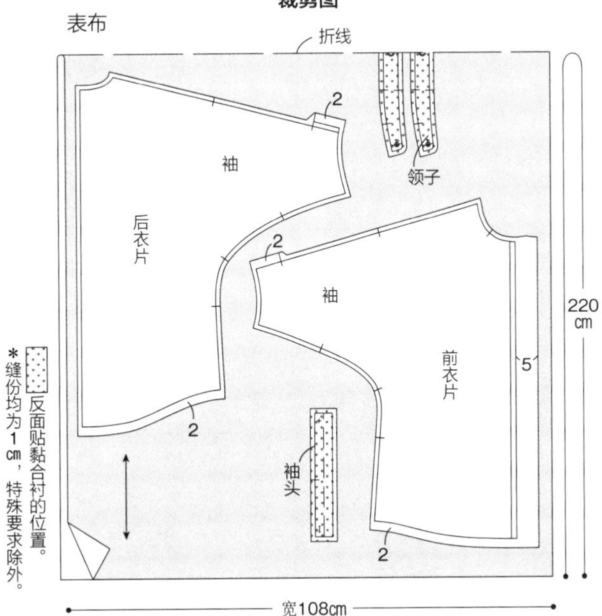

5 拉链隐藏式棉连帽衫→p.6

●所需纸型【A面】

前衣片、后衣片、袖子、连帽、连帽拼接布、连帽贴边、袋兜布、袖口拼接布

●材料

表布 =180cm×140cm

黏合衬 =20cm 见方

合扣 = 直径 1.3cm×3 组

开口拉链 =60cm×1 根

穿绳 =0.6cm×100cm

弹簧扣 =2 个

●裁剪

前衣片、袖子、连帽、连帽贴边、袋兜布、袖口拼接布各 2 片，后衣片、连帽拼接布各 1 片。连帽的合扣位置和前衣片的穿绳口贴局部黏合衬，拉链位置贴黏衬嵌条。

●缝制步骤

1 口袋缝接于前衣片，开穿绳口的扣眼。※ 图
2 正面向内缝合前后衣片的肩部，缝份处理之后压向后侧明线车缝。※ 图
3 正面向内缝合衣片的袖窿和袖子，缝份处理之后压向衣片侧。※ 图
4 正面对合前后衣片，从袖底缝合至侧身，缝份处理之后压向后衣片侧。
5 衣摆的缝份端部处理至，对折明线车缝。※ 图
6 拉链缝接于前中心。
→ p.38 开口拉链开襟（链齿隐藏）
7 拼接布缝接于袖口。※ 图
8 制作连帽，缝接于衣片领窝。※ 图
9 合扣嵌入连帽，穿绳穿入衣摆。

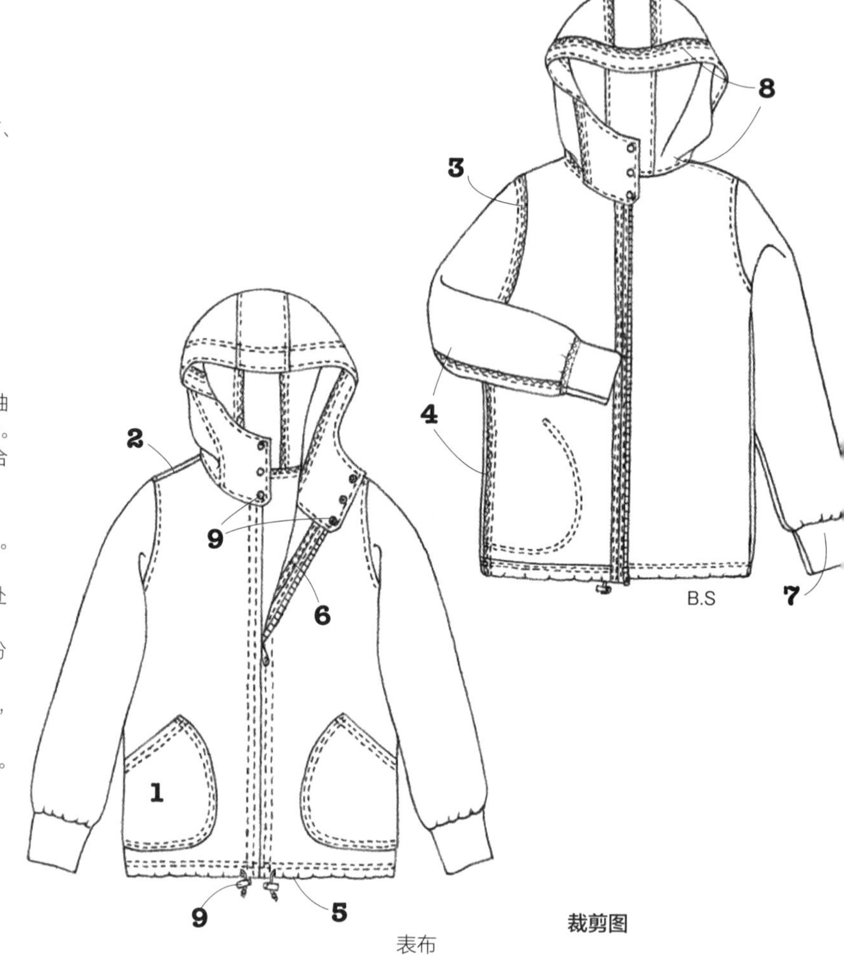

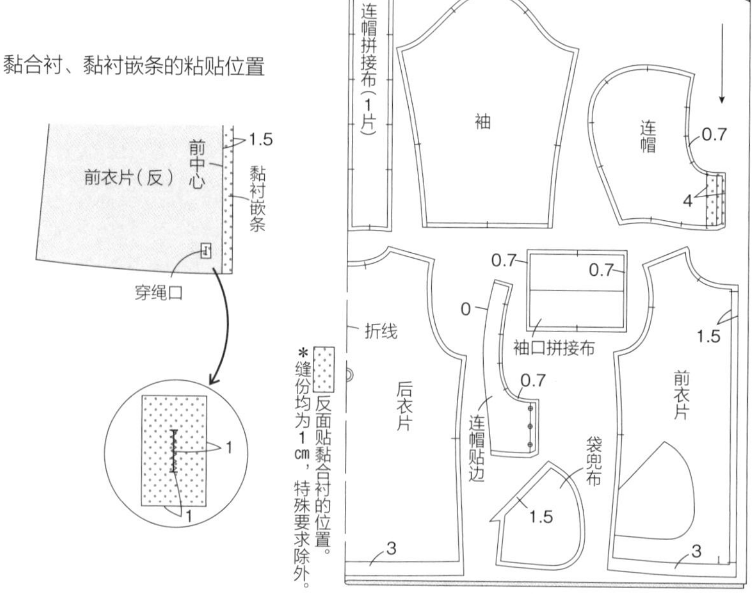

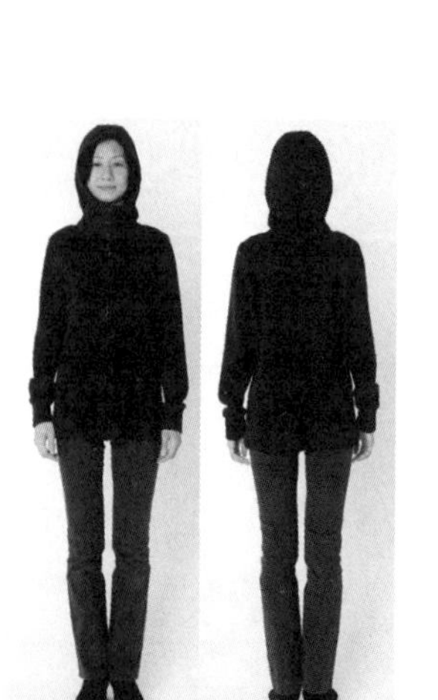

1 **2,3**

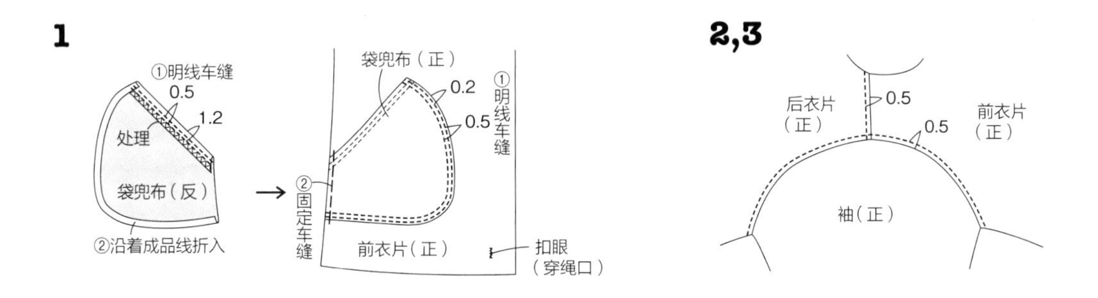

5 **7**

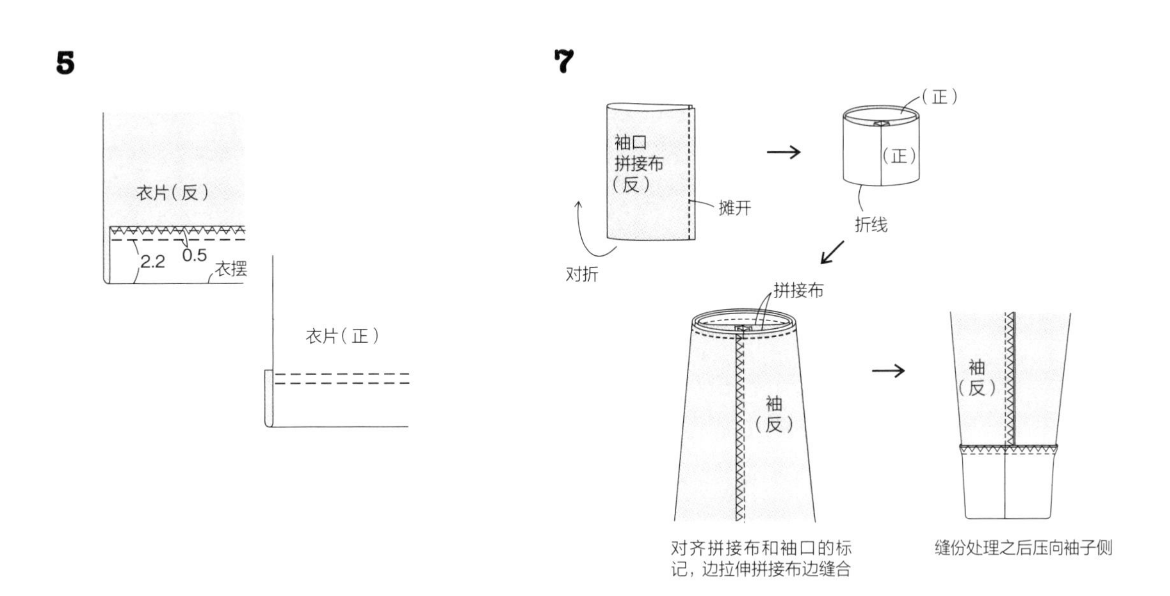

8

①正面向内缝合连帽和连帽拼接布，缝份处理之后压向拼接布侧，并明线车缝。

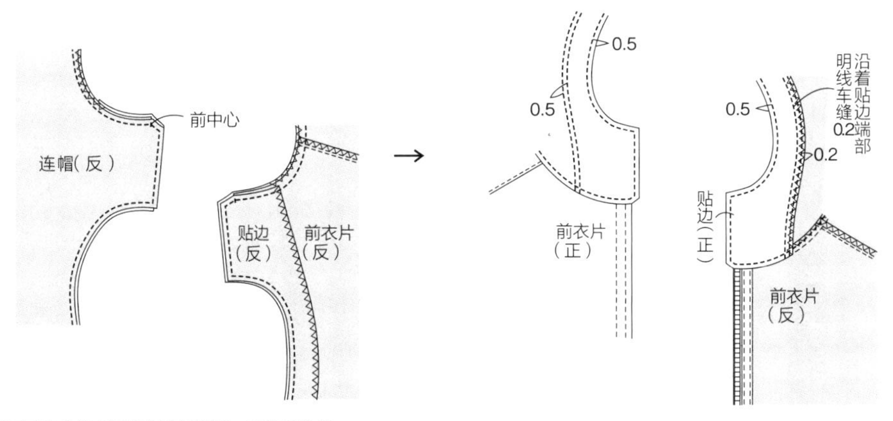

②正面向内缝合连帽和衣片领窝。贴边部分的衣片缝份正面向内插入，回针缝。

开口拉链开襟（链齿隐藏）

下方无限位码，左右分开的拉链开襟。此处，对啮合部分 = 隐藏链牙的制作方法进行说明。

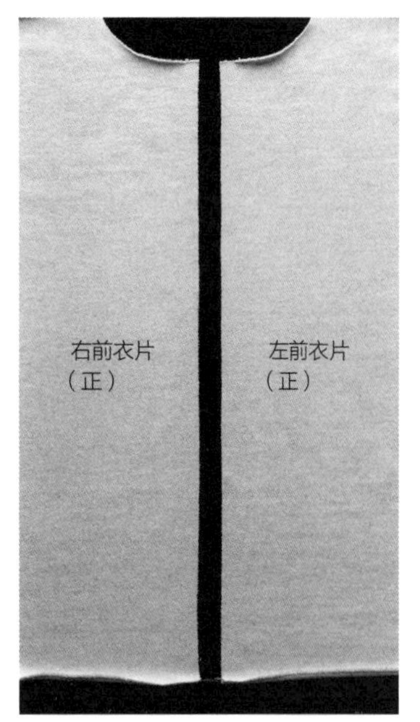

裁剪。明线车缝固定拉链，缝份为1.5cm。

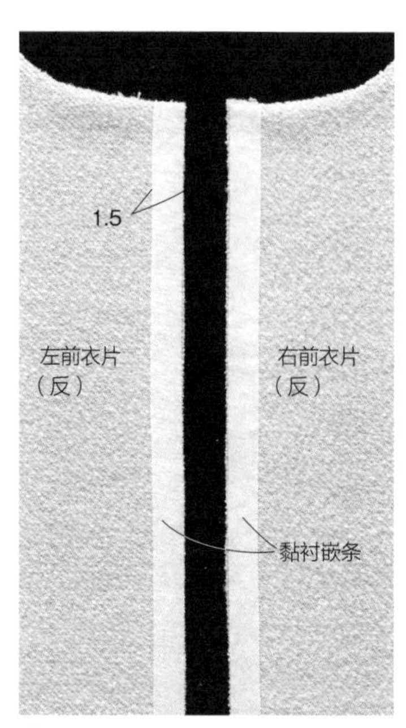

1 拉链位置贴黏衬嵌条。对照缝份宽度，制作更容易。

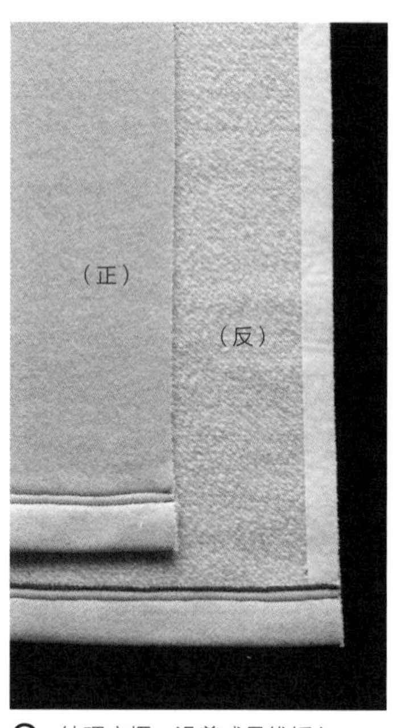

2 处理衣摆，沿着成品线折入，并明线车缝。

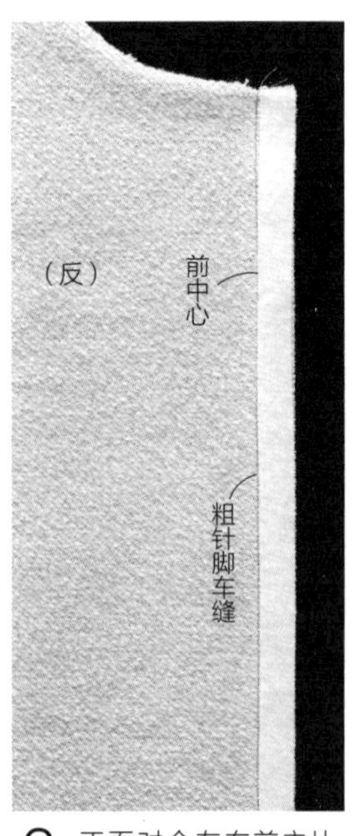

3 正面对合左右前衣片，沿着前中心粗针脚车缝至衣摆。

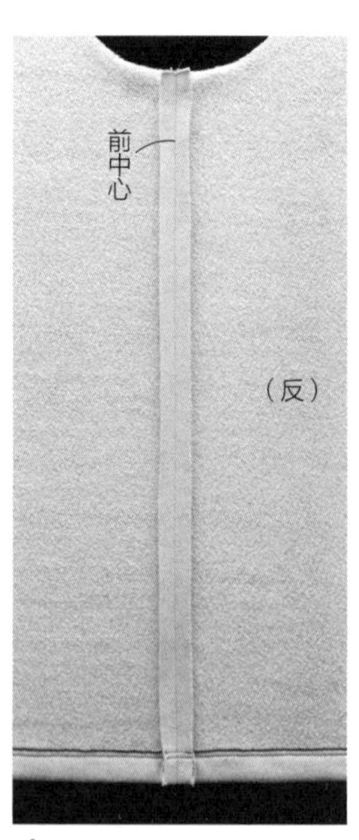

4 摊开缝份。

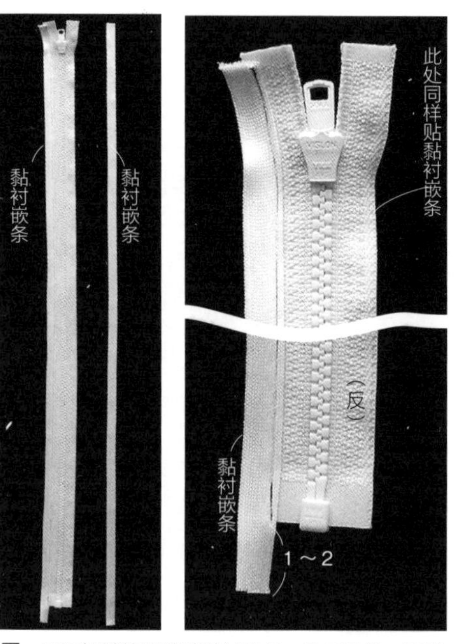

5 开口拉链的两端贴黏衬嵌条。※ 无贴边，用黏衬嵌条隐藏拉链两端。

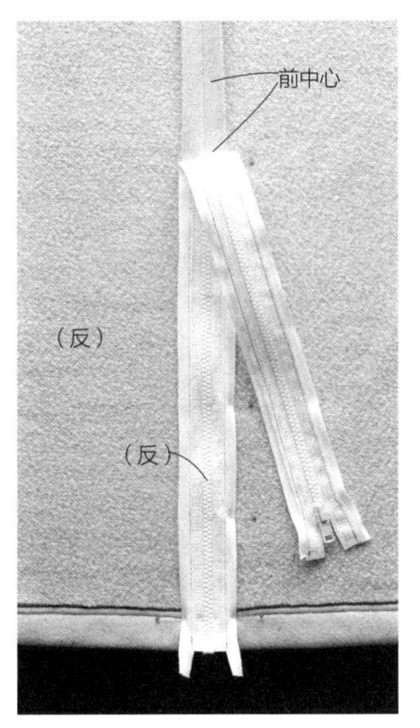

6 对齐针脚和拉链的中心，插珠针固定。

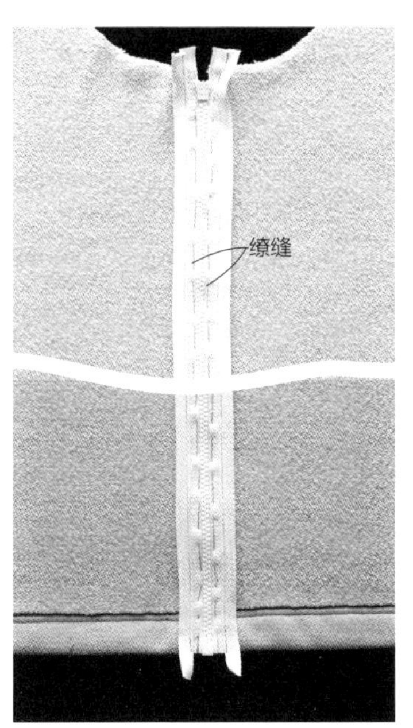

7 穿入至正面，缭缝。拉头部分难以固定，将粗针脚车缝线的上端稍稍松开一点，则容易缭缝。

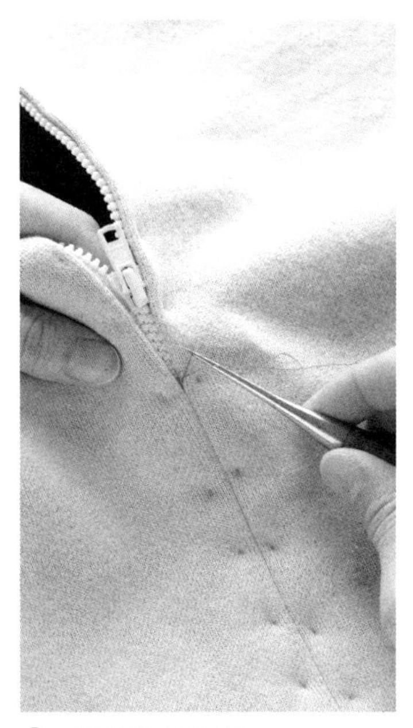

8 松开粗针脚车缝线。

9 将拉链拉开之后左右分开，分别明线车缝。

10 折入黏衬嵌条的端部之后插珠针固定，并明线车缝。

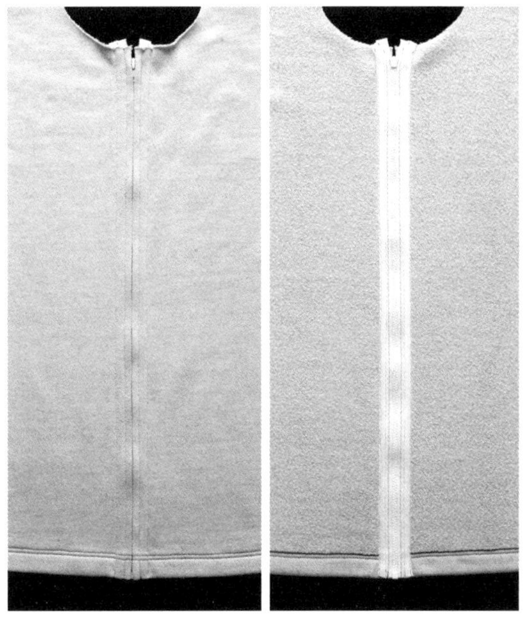

11 开口拉链开襟完成（反）（正）。

拉链外露式尼龙连帽衫→p.7

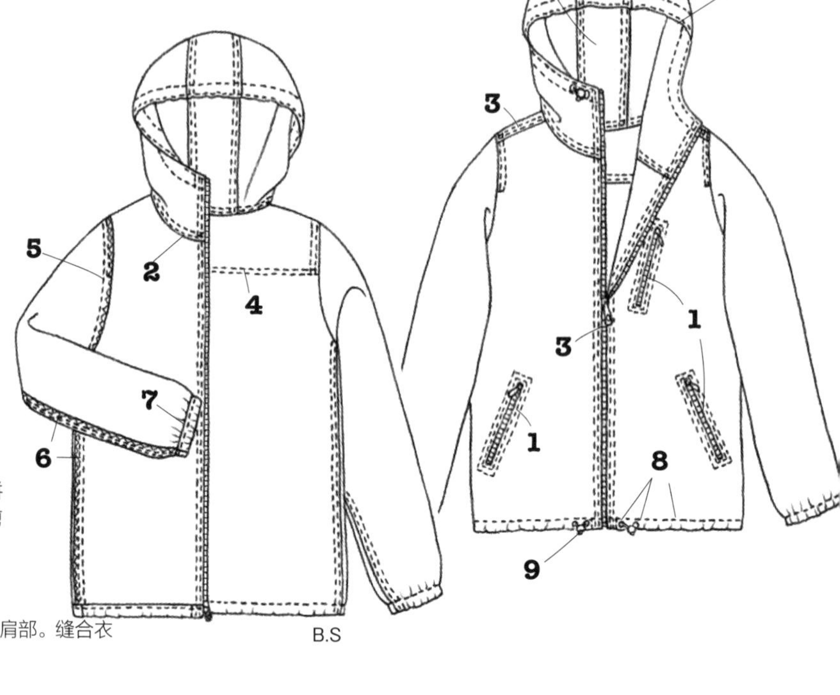

●所需纸型【A 面】

前衣片、后衣片、袖子、连帽、连帽拼接布

●材料

表布 =120cm×200cm
里布 =120cm×120cm
黏合衬 =20cm 见方
开口拉链 =60cm×1 根
拉链 =12cm×1 根、14cm×2 根
松紧带 =1.5cm×40cm
气眼 =0.6cm×8 组
圆松紧绳 =0.3cm×200cm
弹簧扣 =4 个

●裁剪（表布）

前衣片、袖子、连帽各 2 片，后衣片、连帽拼接布各 1 片。穿圆松紧绳的气眼位置和加入剪口的口袋位置贴黏合衬。

●缝制步骤

1 前衣片制作口袋。※ 图
2 缝合连帽和连帽拼接布。缝合前后衣片的肩部。缝合衣片和连帽。里衣片同样方式缝合。※ 图
3 拉链缝接于前中心。
　→ p.38 开口拉链开襟（链齿外露）
　连帽整周明线车缝，穿入圆松紧绳之后明线车缝拉链端部。领窝明线车缝之后，固定正面及反面。※ 图
4 里后衣片端部止缝于表后衣片。※ 图
5 正面向内缝合前后衣片的袖窿和袖子，缝份处理之后压向衣片侧，沿着袖山的拼合标记明线车缝。
6 正面对合前后衣片，从袖底缝合至侧身，缝份处理之后压向后衣片侧，并明线车缝。
7 袖口三折边，留下松紧穿口之后明线车缝，并穿入松紧带。
8 前衣片的衣摆侧开气眼，缝份三折边之后明线车缝。
9 圆松紧绳穿入衣摆，明线车缝固定。

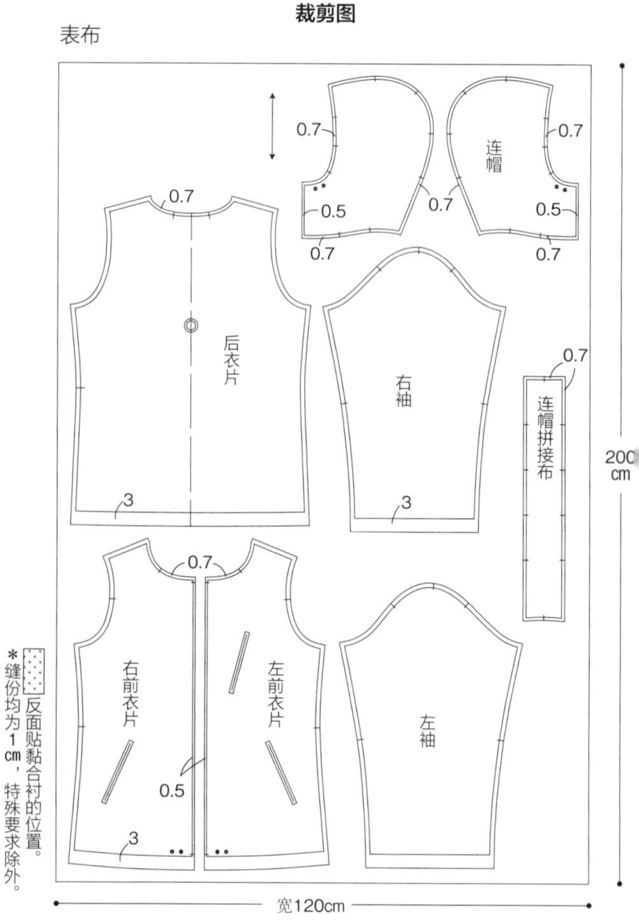

※前开襟加0.5cm缝份，按1cm缝合（链齿外露）

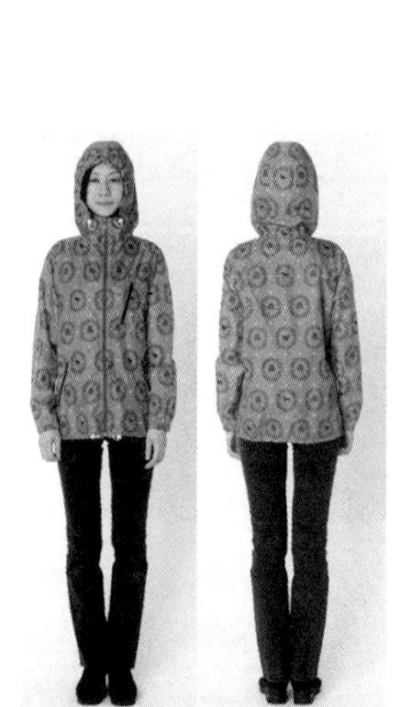

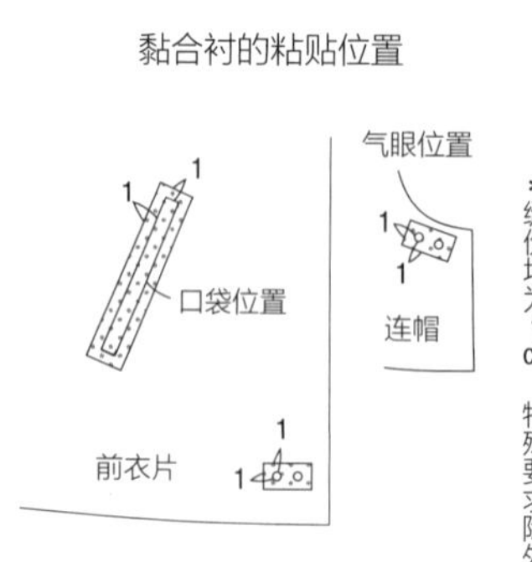

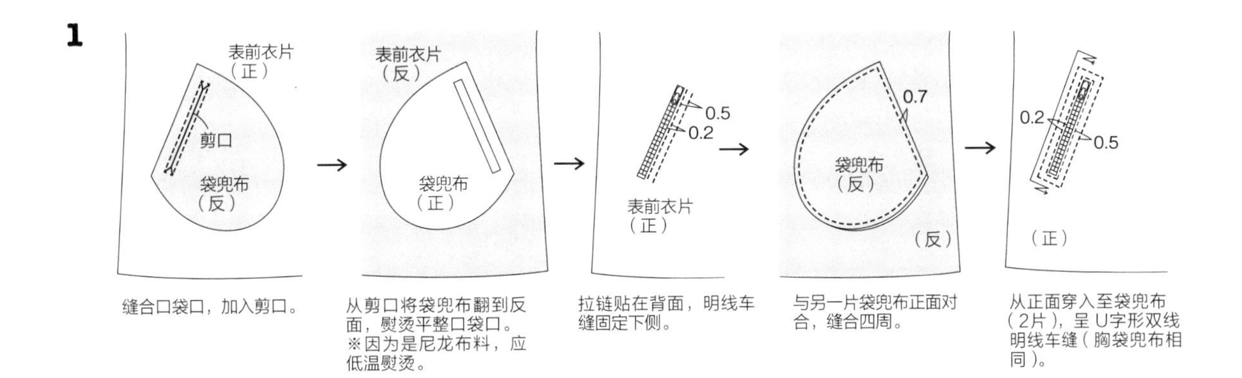

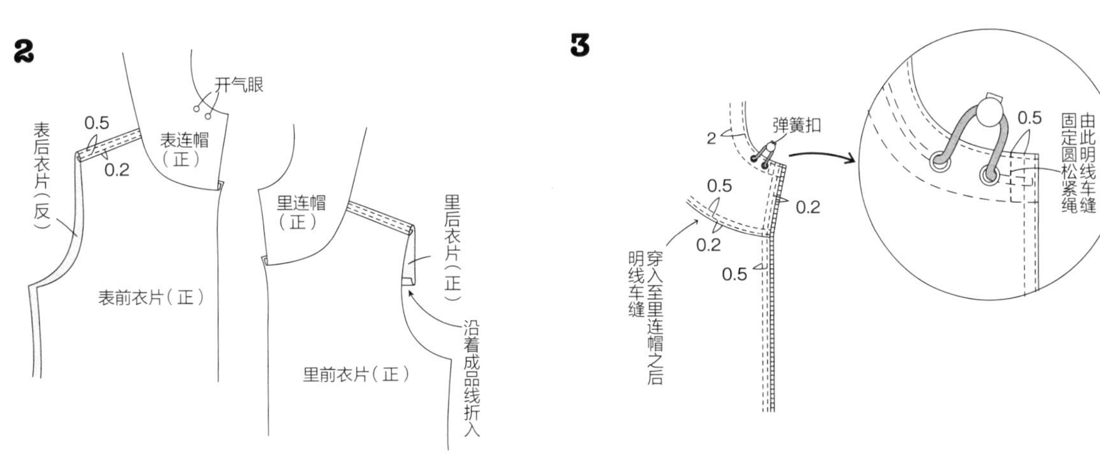

●**裁剪**（里布）

前衣片、连帽、胸袋兜布各 2 片，腰袋兜布 4 片，里后衣片、连帽拼接布各 1 片。

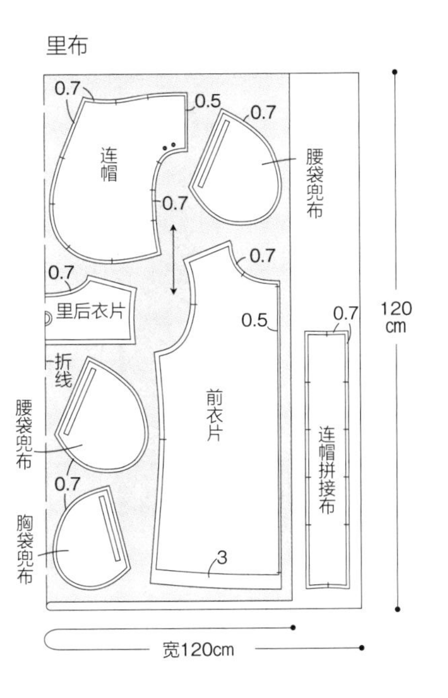

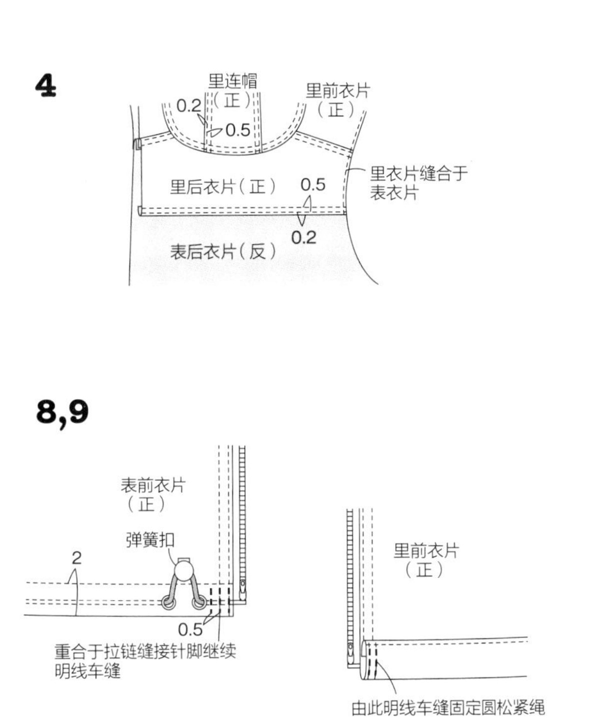

开口拉链开襟（链齿外露）

下方无限位码，左右分开的拉链开襟。
此处，对啮合部分外露的端部至端部的拉链开襟制作方法进行说明。

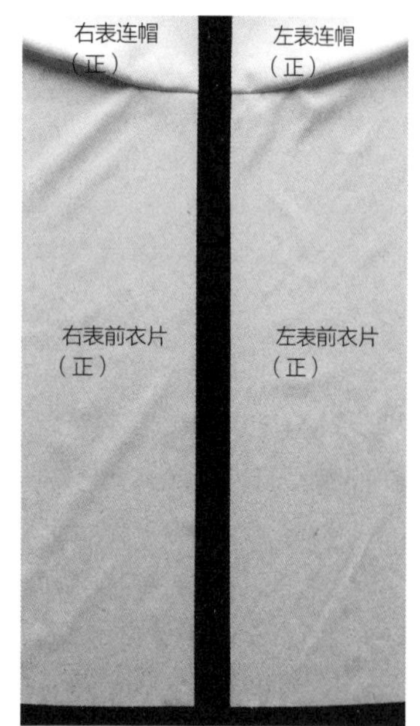

1 表衣片
※ 此处以不开气眼的状态进行说明。

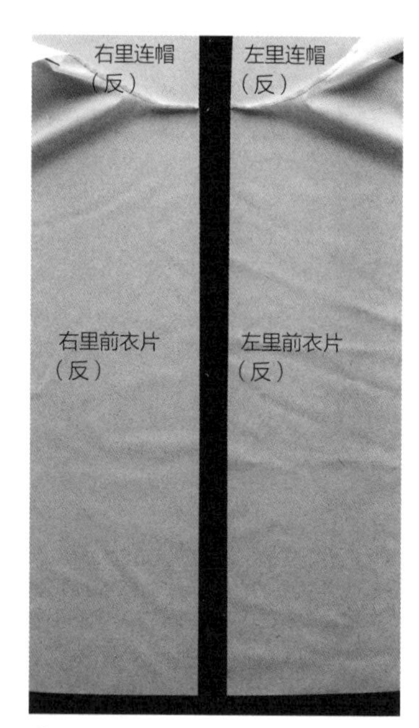

2 里衣片

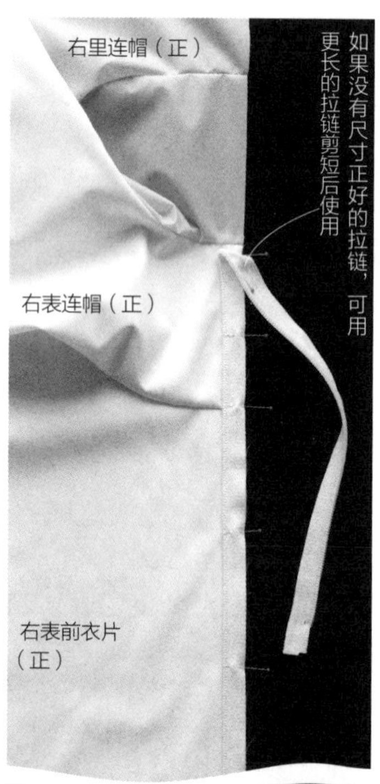

3 回针缝上端（连帽周围），插珠针固定拉链。

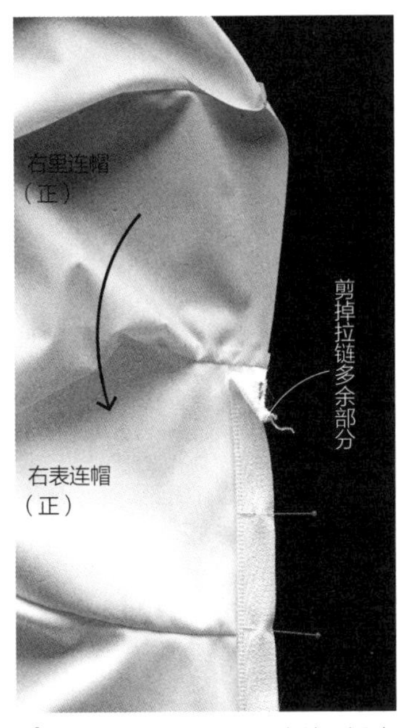

4 正面对合表衣片和里衣片，插珠针固定。

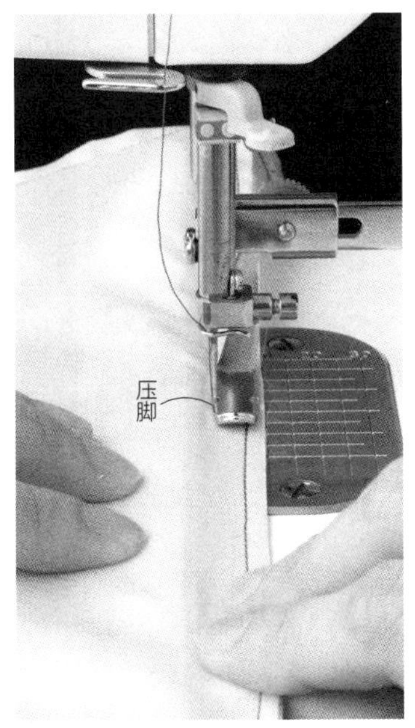

5 车缝机的压脚替换成单侧压脚，并双线缝合。

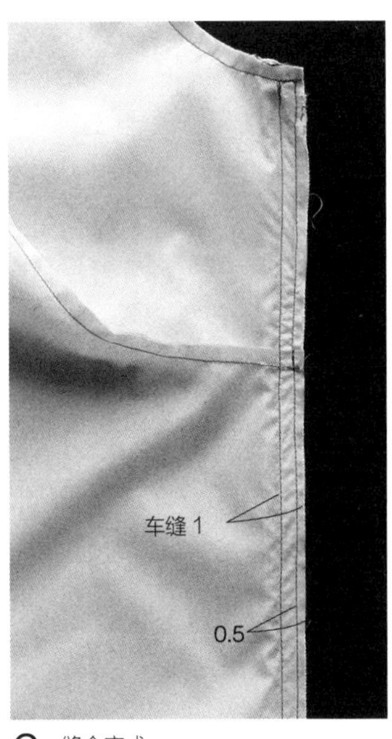

6 缝合完成。

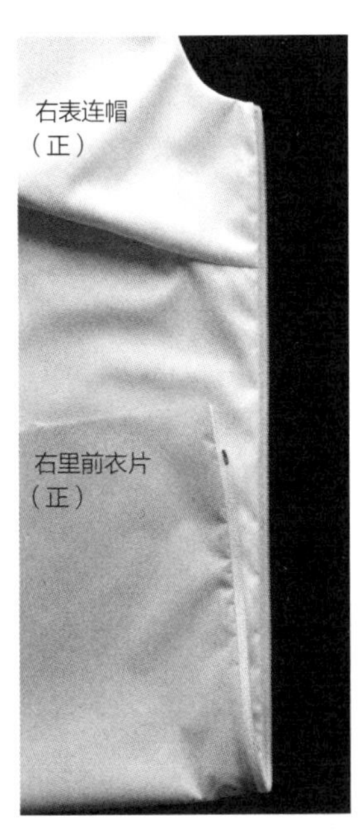

7 翻到正面。

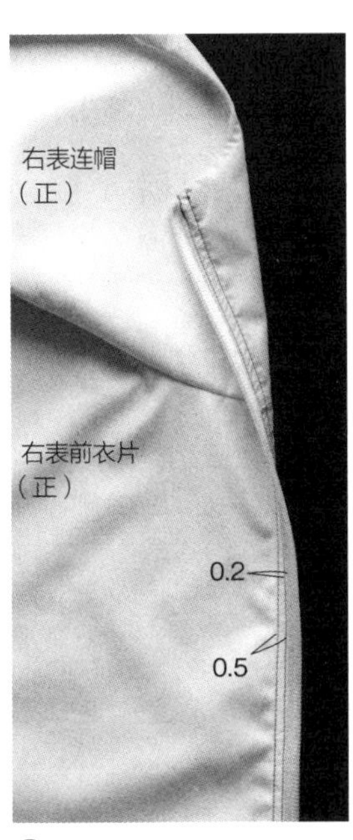

8 明线车缝。

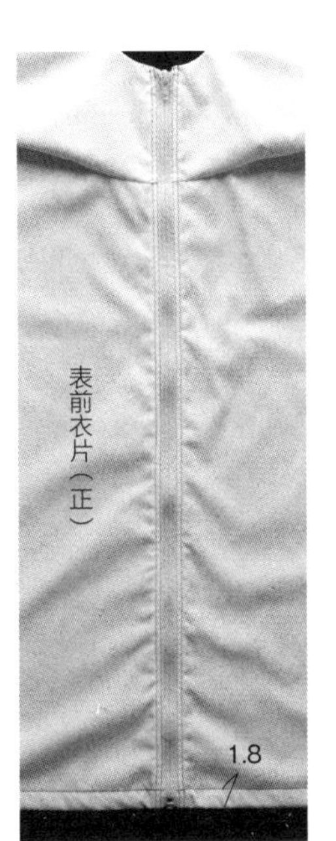

9 开口拉链开襟完成。
※ 衣摆 2 片一起三折边之后明线车缝。

立式翻折领外套→ p.8

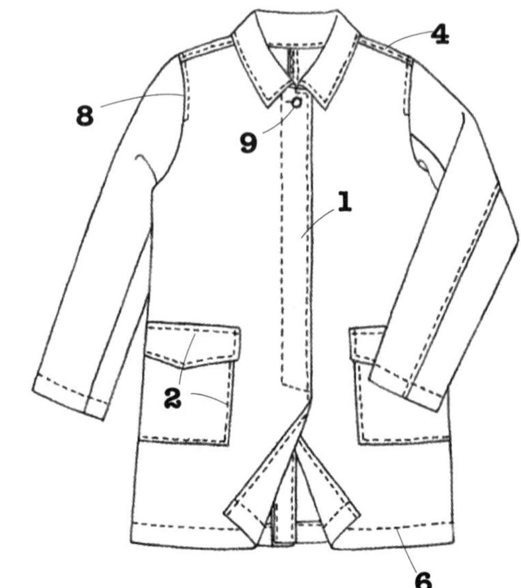

●**所需纸型【B 面】**

前衣片、前贴边、暗开襟衩条、后衣片、领子、外袖、内袖、袋兜布、袋盖

●**材料**

表布 =110cm×280cm

黏合衬 =90cm×120cm

纽扣 = 直径 2cm×5 个

●**裁剪**

前衣片、后衣片、前贴边、暗开襟衩条、外袖、内袖、领子、袋兜布各 2 片，袋盖布 4 片。参照裁剪图，贴黏合衬。

●**缝制步骤**

1　缝合前衣片、前开襟的衩条。
　→ p.46（暗开襟：纽扣）
2　口袋缝接于前衣片。※ 图
3　缝合后中心，缝合掩襟。※ 图
4　缝合前后肩，缝份处理之后压向后衣片侧，并明线车缝。※ 图
5　正面向内缝合前后衣片，缝份处理之后压向后衣片侧，并明线车缝。※ 图
6　衣片的衣摆明线车缝。※ 图
7　制作领子，并缝接于衣片的领窝。※ 图
8　制作袖子，并缝接于衣片的袖窿之后明线车缝。※ 图（参照 p.49 的 8）
9　右前衣片开第 1 个扣眼，纽扣缝接于左前衣片。

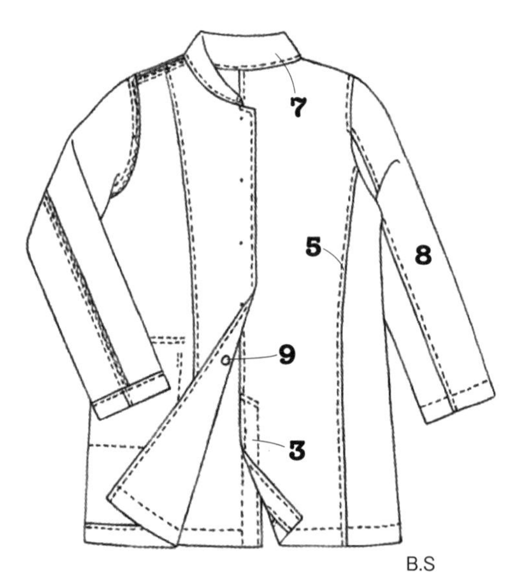

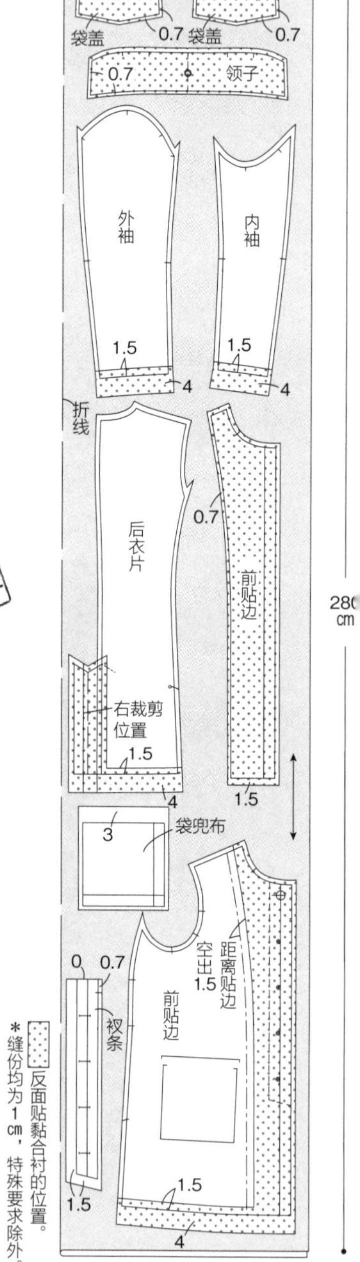

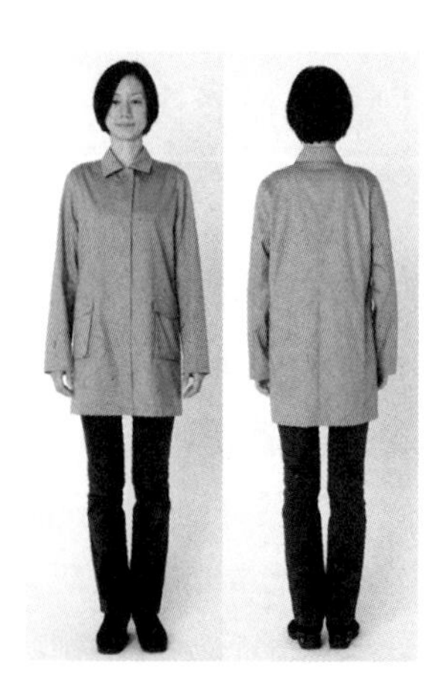

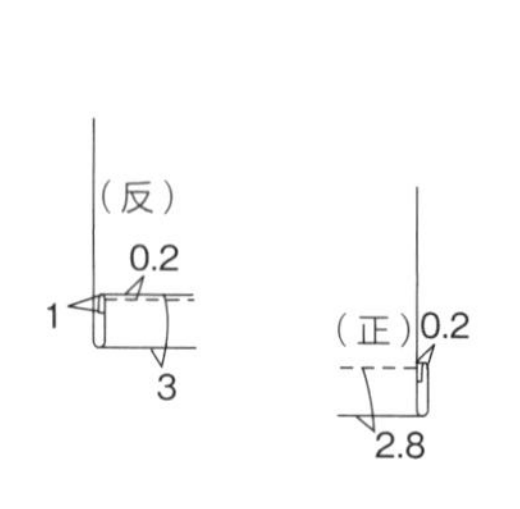

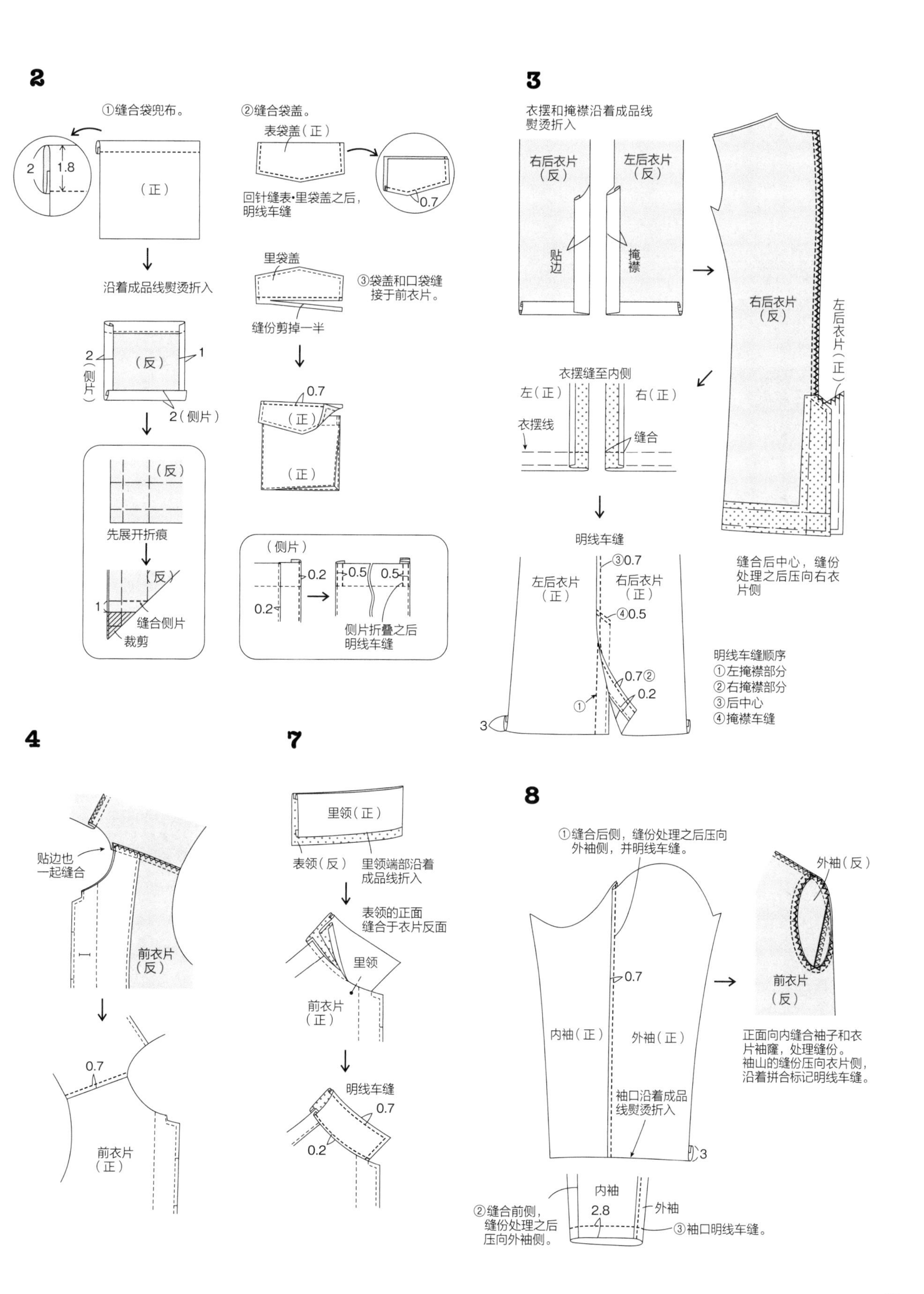

2
①缝合袋兜布。
2
1.8
（正）
沿着成品线熨烫折入
2（侧片）
（反）
1
2（侧片）
（反）
先展开折痕
（反）
1
缝合侧片
裁剪
②缝合袋盖。
表袋盖（正）
回针缝表•里袋盖之后，
明线车缝
0.7
里袋盖
③袋盖和口袋缝
接于前衣片。
缝份剪掉一半
0.7
（正）
（正）
（侧片）
0.2
0.2
0.5
0.5
侧片折叠之后
明线车缝
3
衣摆和掩襟沿着成品线
熨烫折入
右后衣片
（反）
左后衣片
（反）
贴边
掩襟
右后衣片
（反）
左后衣片（正）
衣摆缝至内侧
左（正）
右（正）
衣摆线
缝合
明线车缝
左后衣片
（正）
右后衣片
（正）
③0.7
④0.5
0.7②
0.2
①
3
缝合后中心，缝份
处理之后压向右衣
片侧
明线车缝顺序
①左掩襟部分
②右掩襟部分
③后中心
④掩襟车缝
4
贴边也
一起缝合
前衣片
（反）
0.7
前衣片
（正）
7
里领（正）
表领（反）
里领端部沿着
成品线折入
表领的正面
缝合于衣片反面
里领
前衣片
（正）
明线车缝
0.7
0.2
8
①缝合后侧，缝份处理之后压向
外袖侧，并明线车缝。
0.7
内袖（正）
外袖（正）
袖口沿着成品
线熨烫折入
3
内袖
2.8
外袖
②缝合前侧，
缝份处理之后
压向外袖侧。
③袖口明线车缝。
外袖（反）
前衣片
（反）
正面向内缝合袖子和衣
片袖窿，处理缝份。
袖山的缝份压向衣片侧，
沿着拼合标记明线车缝。

暗开襟（纽扣）

即使合上纽扣，从正面也看不见的开襟。常用于外套、大衣、裤子的前开襟。此处，通过衩条双重制作的方法进行说明。

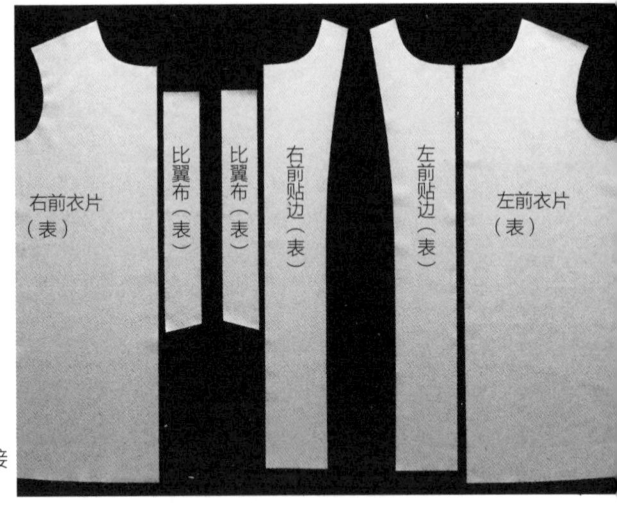

裁剪，衩条仅接于上前衣片。

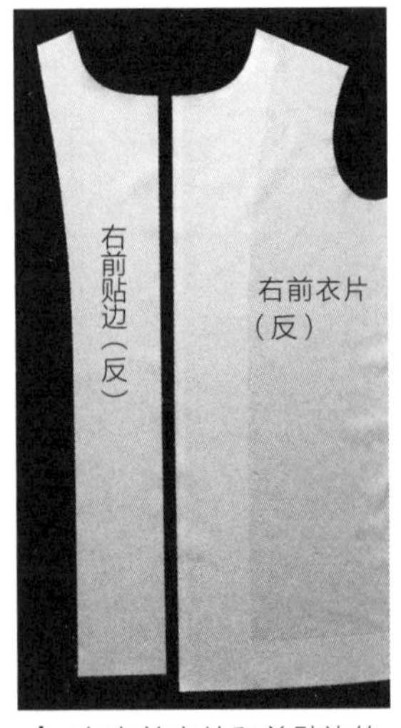

1 左右前衣片和前贴边的反面贴黏合衬。

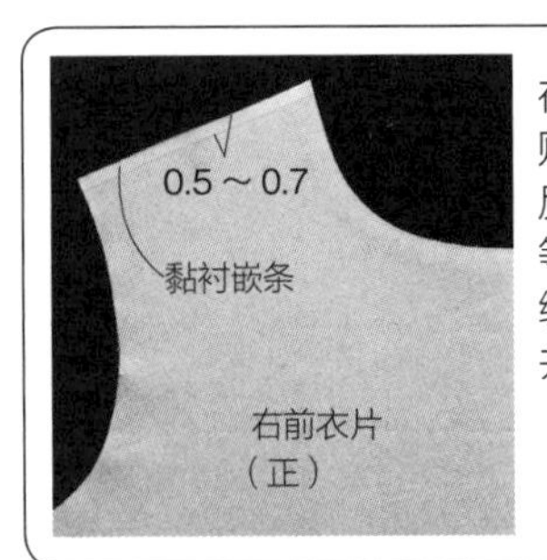

在前肩正面的缝份内，贴合黏衬嵌条。未在反面贴时，黏衬嵌条等贴合于隐藏部位。缝份2片一并处理，并压向后侧。

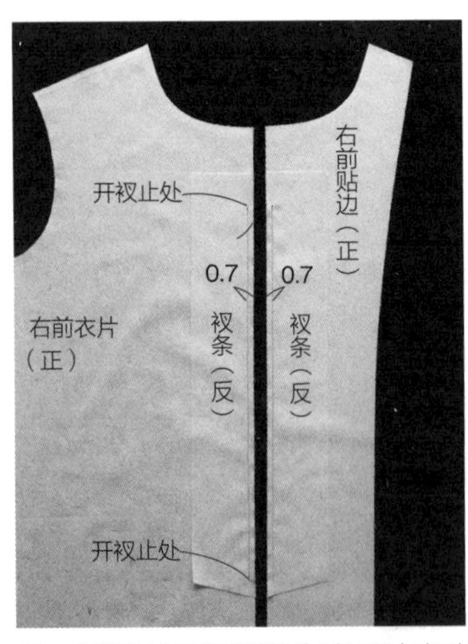

2 右前衣片和右前贴边分别正面向内对合衩条，从开衩止处缝至开衩止处。

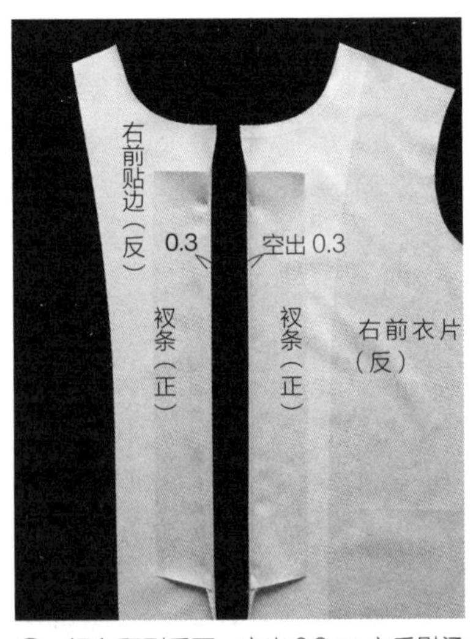

3 衩条翻到反面，空出0.3cm之后熨烫平整。

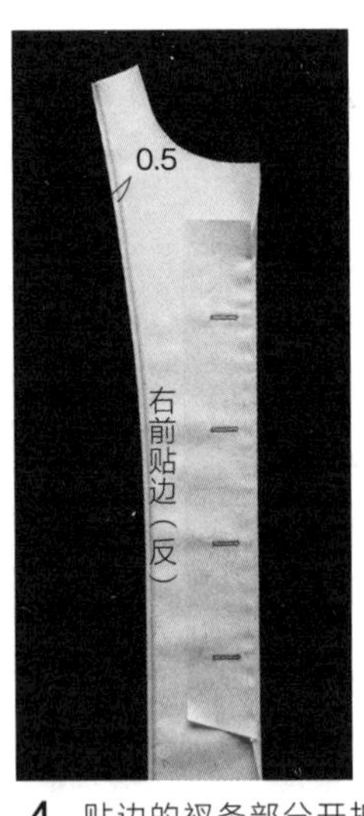

4 贴边的衩条部分开扣眼。贴边端部处理之后对折，并明线车缝。

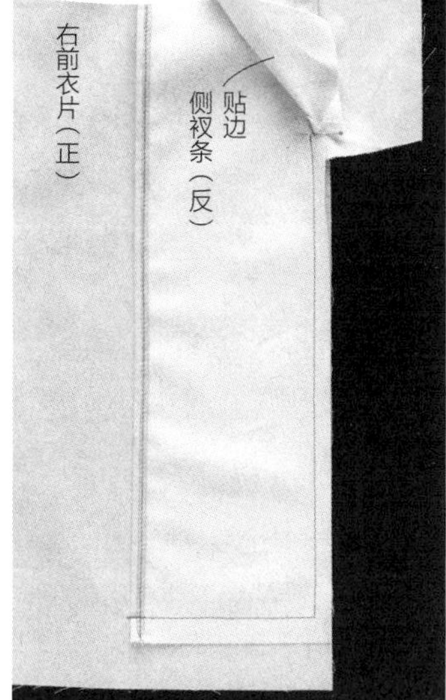

5 正面对合前衣片和前贴边，拆下衩条之后，从领缝接止处开始缝合至前开襟、下摆。

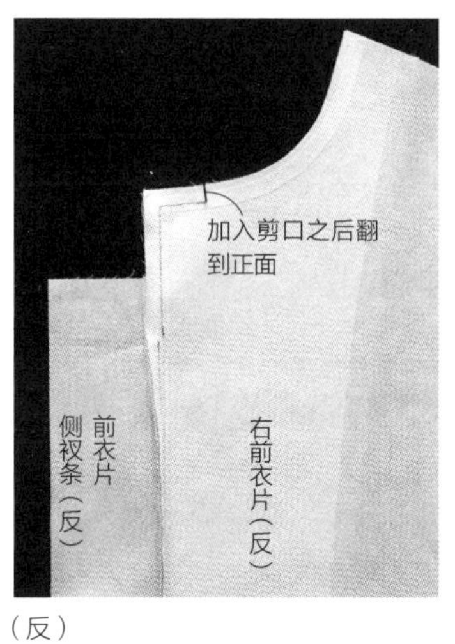

（反）

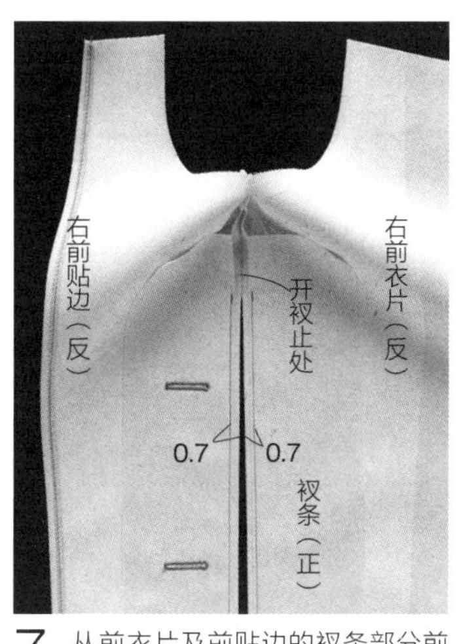

7 从前衣片及前贴边的衩条部分前开襟、开衩止处开始，明线车缝至开衩止处。

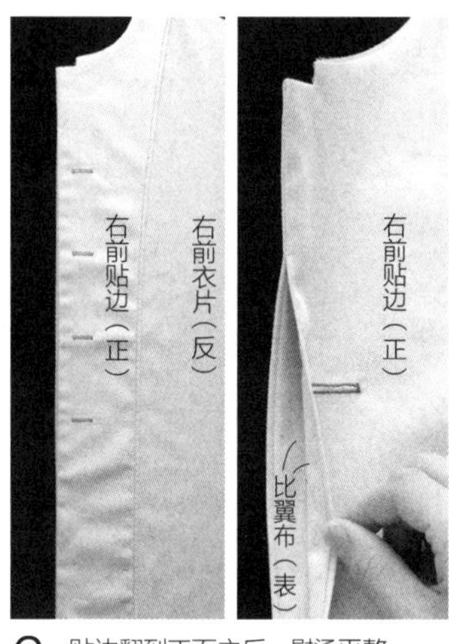

6 贴边翻到正面之后，熨烫平整。

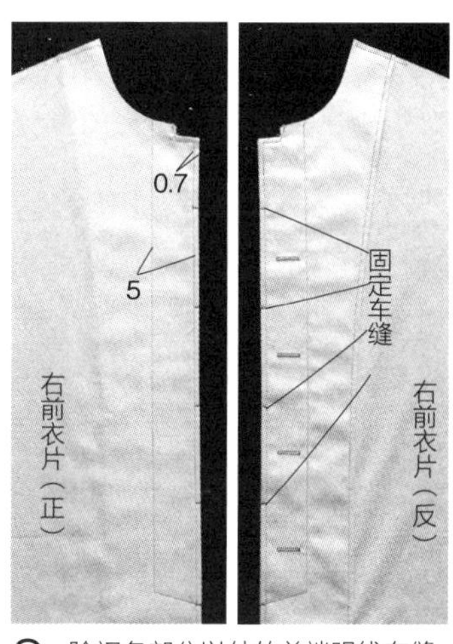

8 除衩条部分以外的前端明线车缝，并压住衩条明线车缝。在扣眼和扣眼之间固定车缝。

9 左前衣片贴上左前贴边之后回针缝，前开襟明线车缝。暗开襟完成。

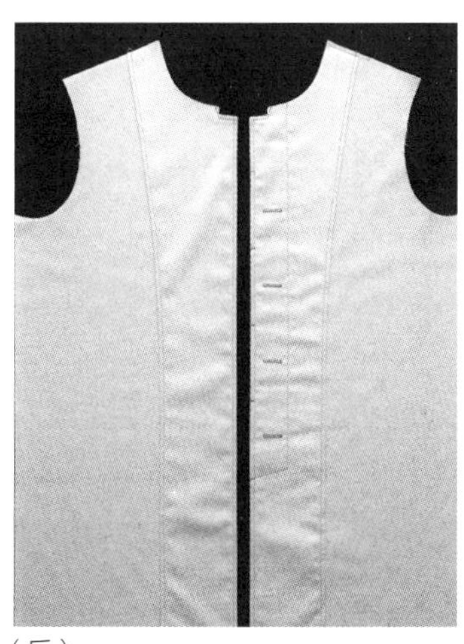

（反）

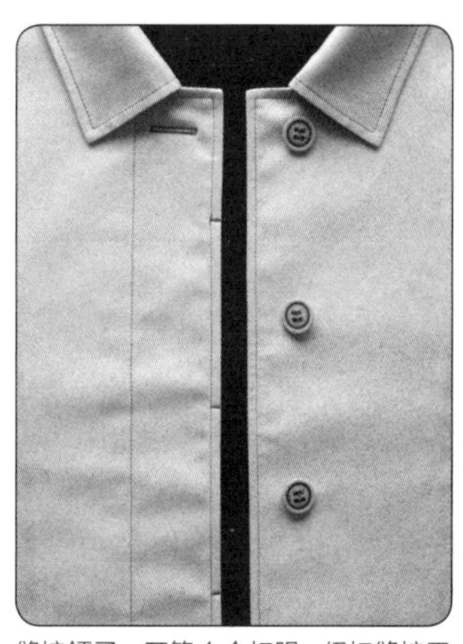

缝接领子，开第 1 个扣眼，纽扣缝接于下前左衣片。

高领外套→p.10

●所需纸型【B 面】

右前衣片、右前贴边、左前衣片、左前贴边、后衣片、领子、外袖、内袖、袋口布、袋兜布

●材料

表布 =120cm×260cm

配布 =70cm×40cm

黏合衬 =90cm×180cm

开口拉链 =60cm×1 根

●裁剪

右前衣片、右前贴边、左前衣片、左前贴边各 1 片，后衣片、领子、外袖、内袖、袋口布各 2 片，袋兜布 4 片。参照裁剪图，贴黏合衬。

●缝制步骤

1. 缝合前衣片、前开襟的衩条。
   →p.50（暗开襟：开口拉链）
2. 口袋缝接于前衣片。※ 图
3. 缝合后中心，缝份处理之后压向右衣片侧，并明线车缝。
4. 缝合前后肩，缝份处理之后压向后衣片侧，并明线车缝。※ 图
5. 正面向内缝合前后衣片，缝合衩条。（参照 p.45 的 3）
6. 衣片的衣摆明线车缝。
7. 制作领子，并缝接于衣片的领窝。※ 图
8. 制作袖子，并缝接于衣片的袖窿之后明线车缝。※ 图（参照 p.45 的 8）

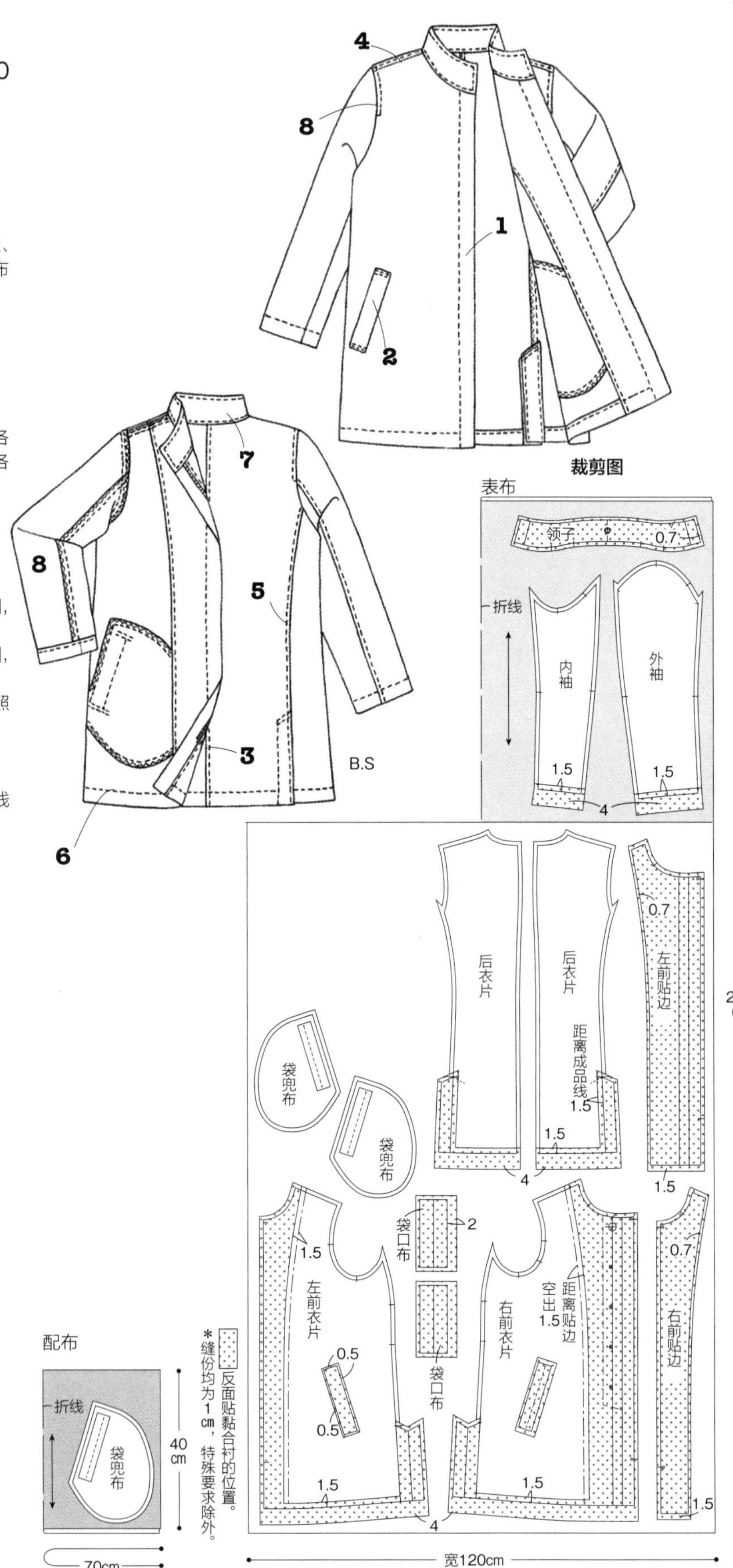

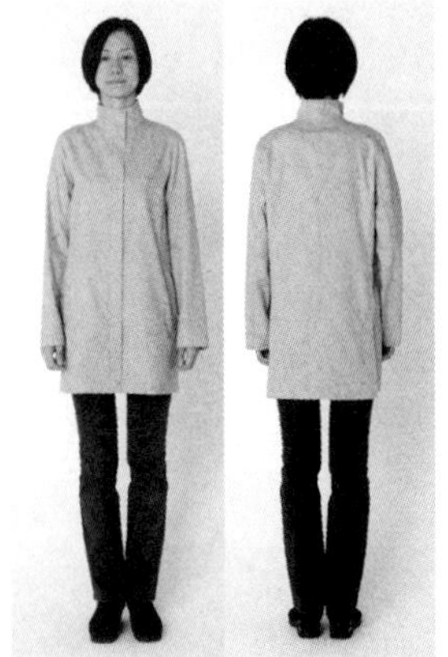

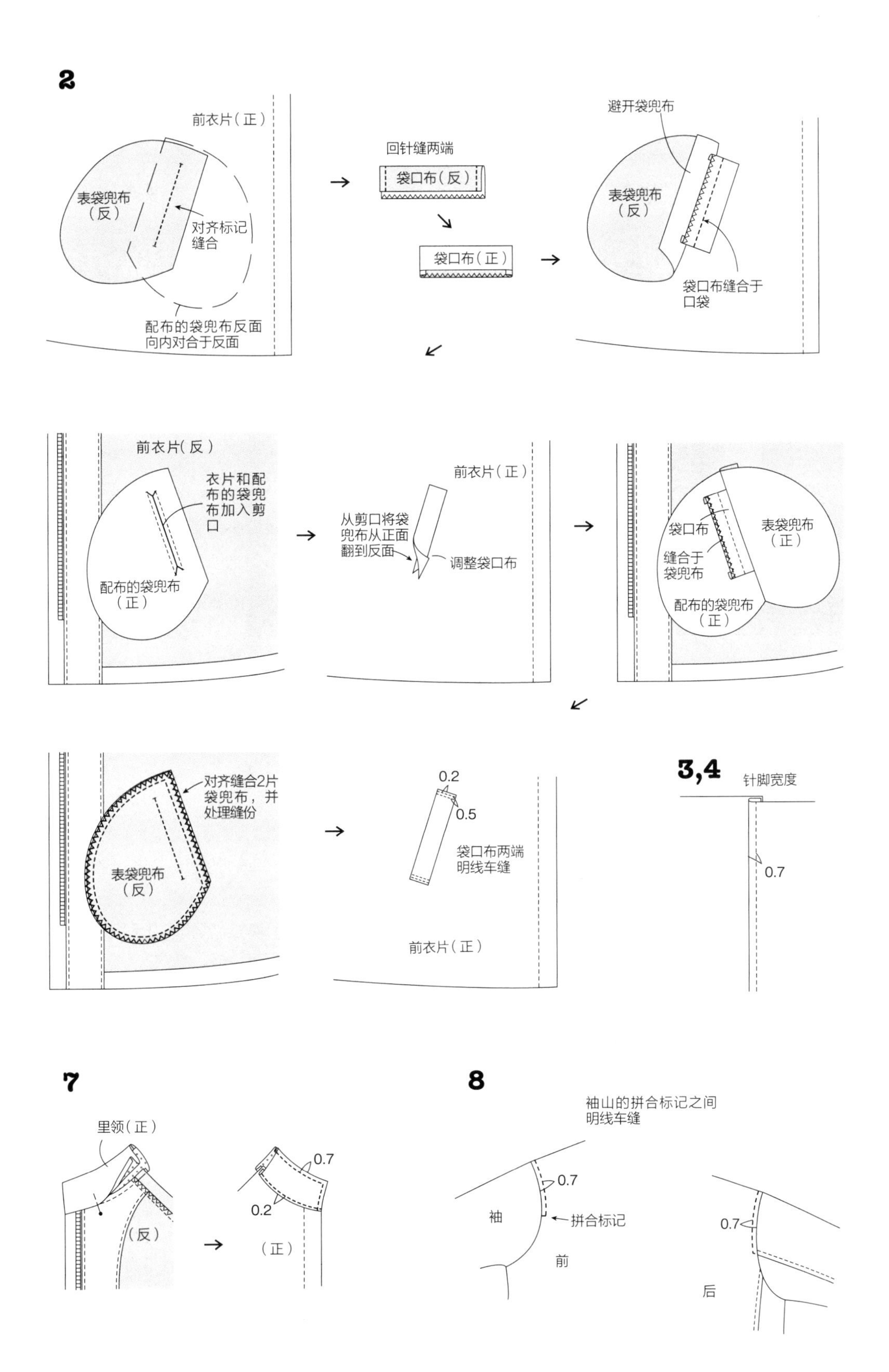
2
前衣片(正)
表袋兜布
(反)
对齐标记
缝合
配布的袋兜布反面
向内对合于反面
回针缝两端
袋口布(反)
袋口布(正)
避开袋兜布
表袋兜布
(反)
袋口布缝合于
口袋
前衣片(反)
衣片和配
布的袋兜
布加入剪
口
配布的袋兜布
(正)
前衣片(正)
从剪口将袋
兜布从正面
翻到反面
调整袋口布
袋口布
缝合于
袋兜布
表袋兜布
(正)
配布的袋兜布
(正)
对齐缝合2片
袋兜布，并
处理缝份
表袋兜布
(反)
0.2
0.5
袋口布两端
明线车缝
前衣片(正)
3,4
针脚宽度
0.7
7
里领(正)
(反)
0.7
0.2
(正)
8
袖山的拼合标记之间
明线车缝
0.7
袖
拼合标记
前
0.7
后

暗开襟（开口拉链）

即使拉上拉链，从正面也看不见拉链的开襟。此处，通过翻折上前开襟之后缝接拉链，下前掩襟不用拼接。沿着贴边连续裁剪的制作方法进行说明。

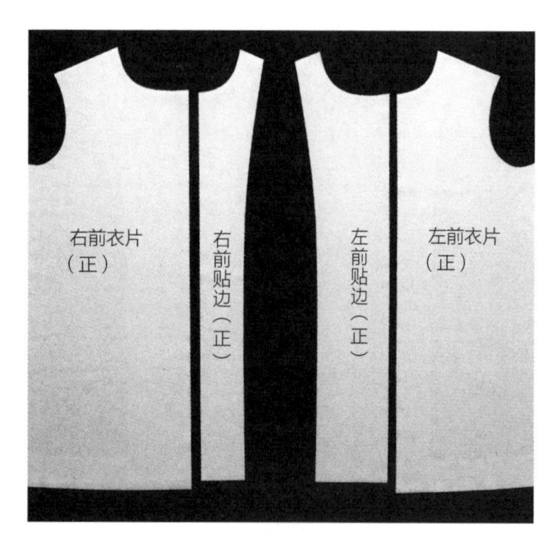

裁剪。左右纸型不同，请注意布料的正反面。

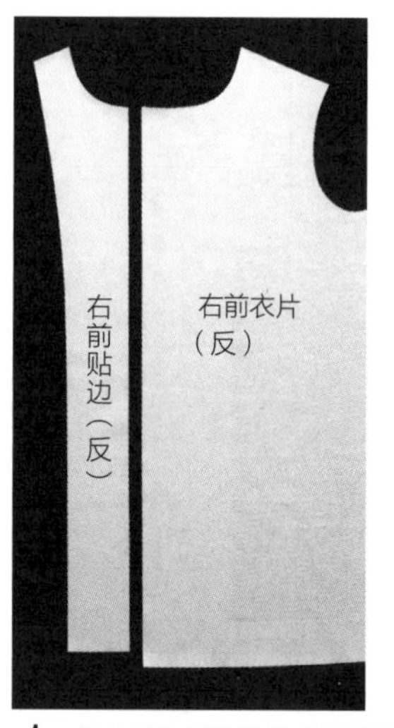

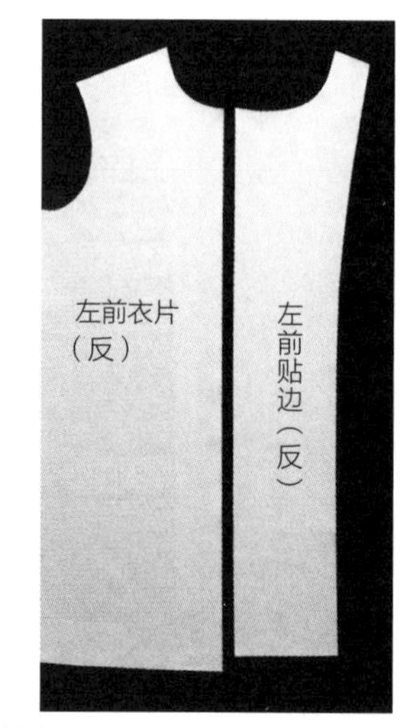

1 前衣片和前贴边的反面贴黏合衬。

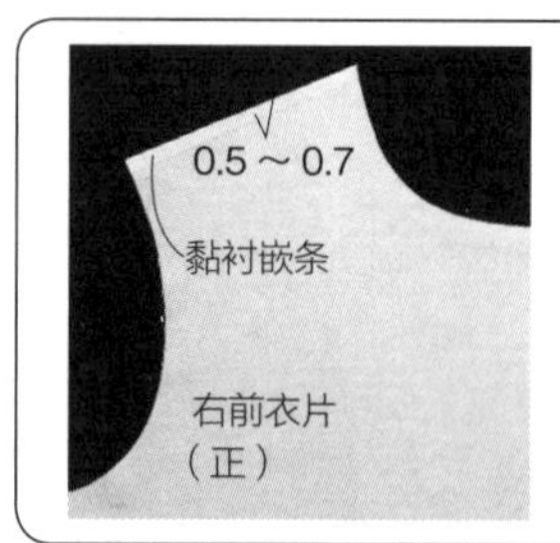

前肩正面的缝份内，贴合黏衬嵌条。未在反面贴时，黏衬嵌条等贴合于隐藏部位。缝份2片一并处理，并压向后侧。

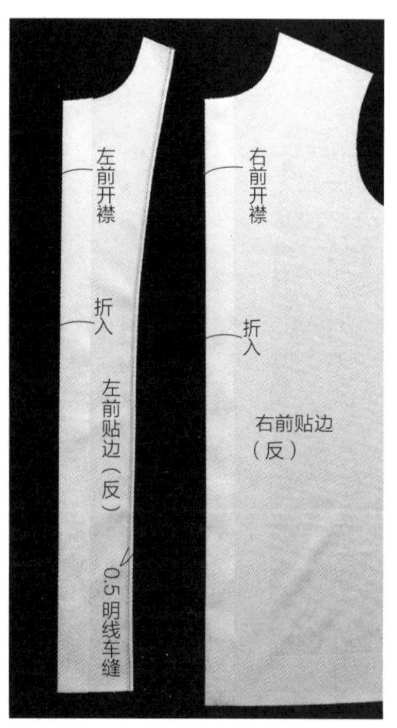

2 沿着成品线，折入右前衣片和左前贴边的前端。贴边的端部处理之后，对折并明线车缝。

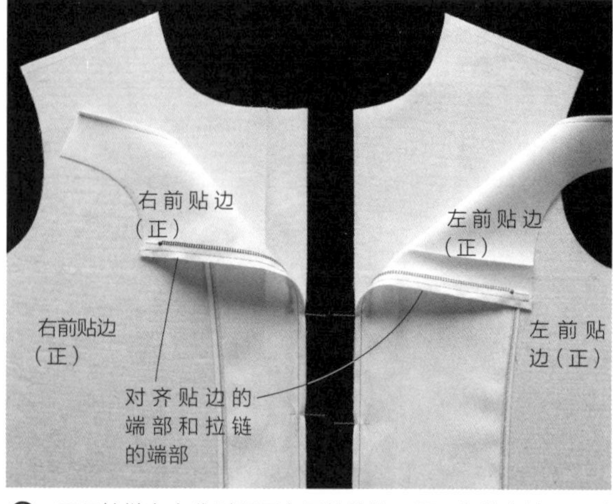

3 开口拉链左右分别预固定于前贴边正面，与前衣片正面对合之后插珠针固定。

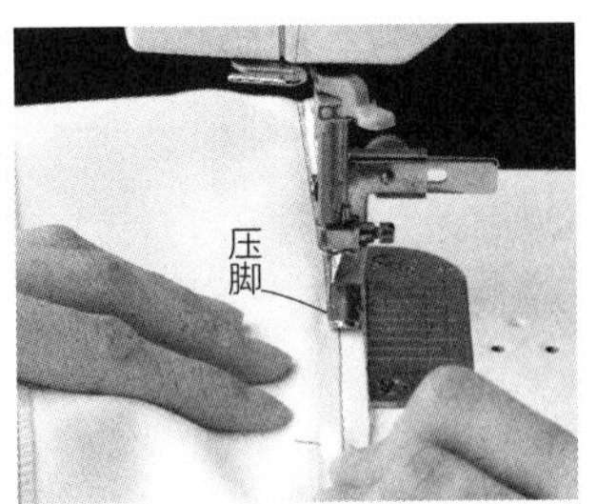

4 车缝机的压脚换成单侧压脚，缝接拉链。

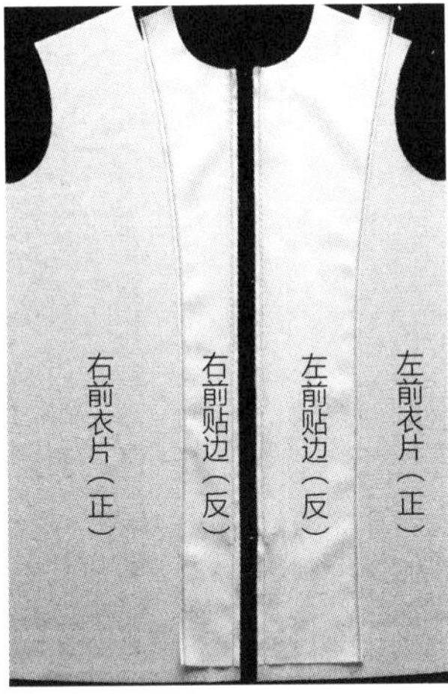

缝合完成。

5 （右）缝份压向贴边侧。

（左）缝份压向衣片侧。

6 左右分别从前开襟开始正面向内对合，缝合贴边衣摆。

7 翻到正面，熨烫平整。

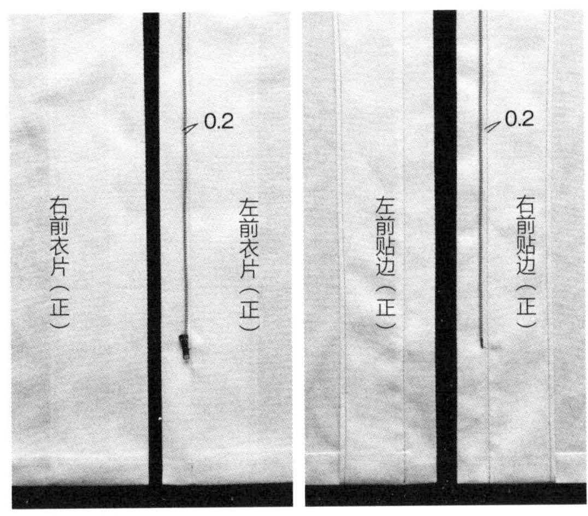

8 拉链端部明线车缝，止缝衣片和贴边。

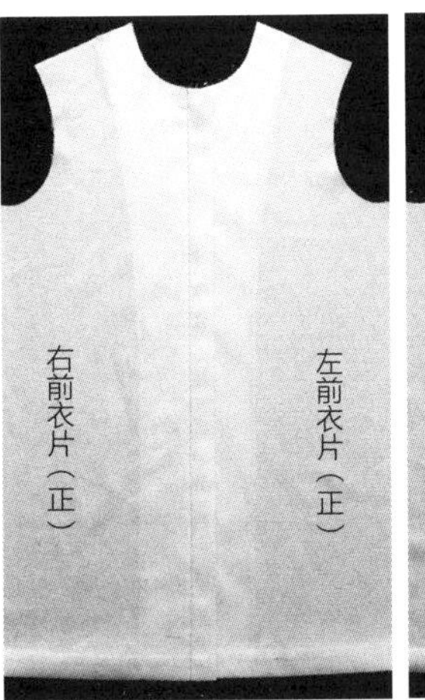

9 暗开襟完成。

9、10 A形过膝无袖连衣裙→p.12,p.13

●所需纸型【B面】

前衣片、后衣片（前后衣片的领窝侧和裙摆侧对齐）

●材料

表布 =110cm×270cm

拉链 =56cm×1根

弹簧钩 =1组

●裁剪

前衣片、领窝斜裁布各1片，后衣片、袖窿斜裁布各2片。领窝、袖窿、拉链位置贴黏衬嵌条。

●缝制步骤

1 缝合后中心的开衩。
→p.54（闭口拉链开襟）
2 正面向内缝合前后肩，缝份处理之后压向后衣片侧。
3 用斜裁布处理领窝和袖窿。※图
4 缝合前后衣片的侧身，缝份处理之后压向后衣片侧。※图
5 裙摆三折边明线车缝。※图
6 缝接弹簧钩。（参照p.55）

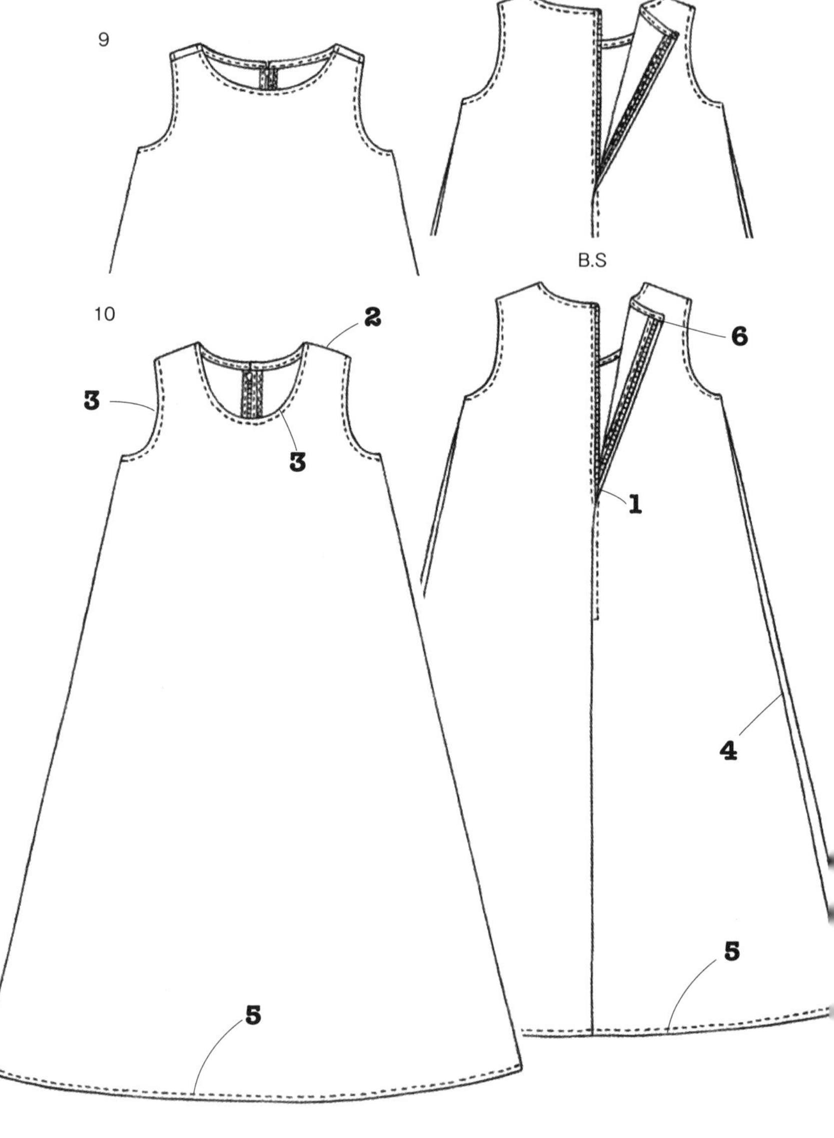

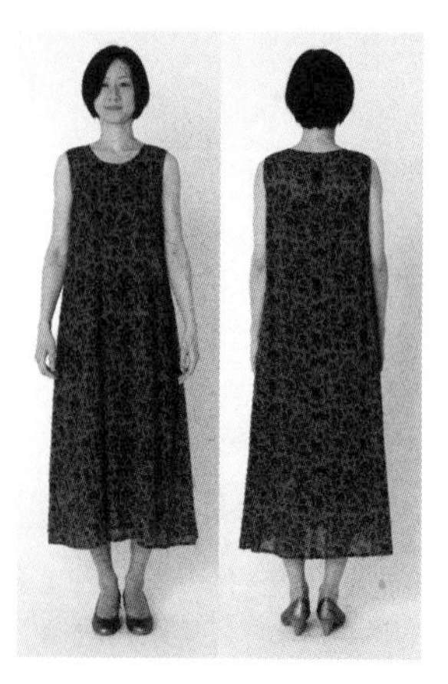

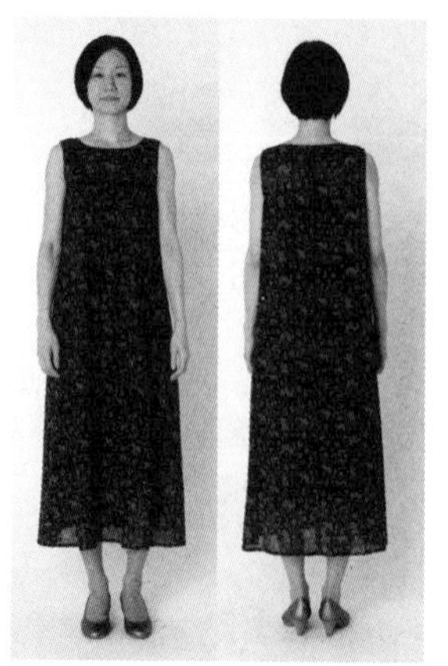

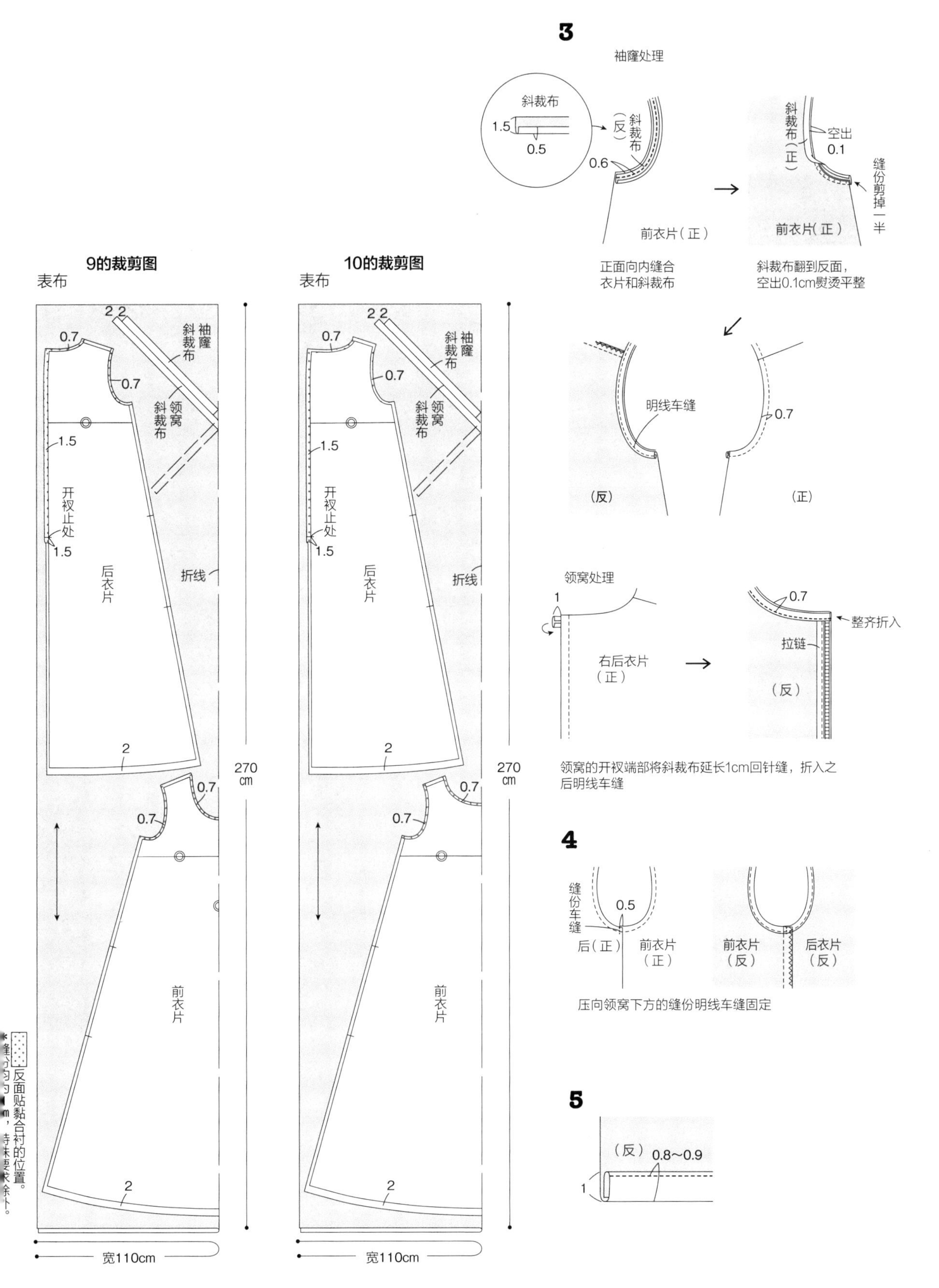
3
袖窿处理
斜裁布
1.5
0.5
（反）
斜裁布
0.6
前衣片（正）
正面向内缝合
衣片和斜裁布
斜裁布（正）
空出
0.1
缝份剪掉一半
前衣片（正）
斜裁布翻到反面，
空出0.1cm熨烫平整
明线车缝
0.7
（反）
（正）
领窝处理
1
右后衣片
（正）
0.7
整齐折入
拉链
（反）
领窝的开衩端部将斜裁布延长1cm回针缝，折入之
后明线车缝
4
缝份车缝
0.5
后（正）
前衣片
（正）
前衣片
（反）
后衣片
（反）
压向领窝下方的缝份明线车缝固定
5
（反）
0.8~0.9
1
9的裁剪图
表布
2 2
0.7
袖窿斜裁布
0.7
领窝斜裁布
1.5
开衩止处
1.5
后衣片
折线
2
270
cm
0.7
0.7
前衣片
2
宽110cm
10的裁剪图
表布
2 2
0.7
袖窿斜裁布
0.7
领窝斜裁布
1.5
开衩止处
1.5
后衣片
折线
2
270
cm
0.7
0.7
前衣片
2
宽110cm
反面贴黏合衬的位置。

闭口拉链开襟

重合左右隐藏拉链的开襟。正面能够看到止缝拉链的针脚。适合平整的拉链使用。

1 接拉链的开衩部分的反面贴黏衬嵌条，并处理缝份。

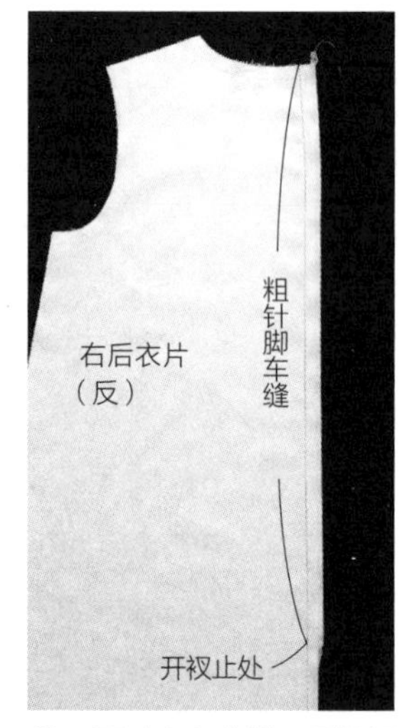

2 面对合左右侧，开衩部分粗针脚车缝，开衩止处以下部分通常缝合。

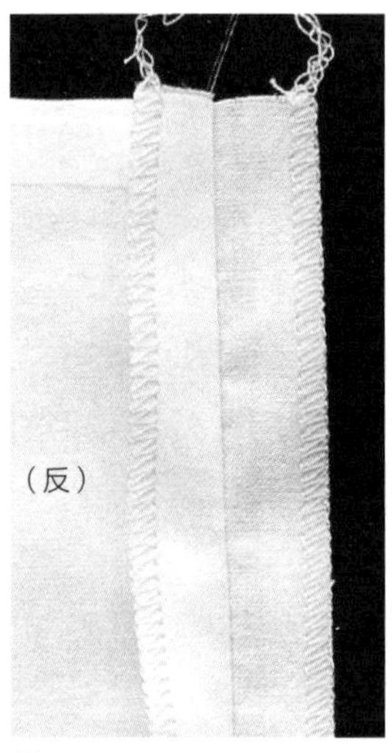

3 摊开缝份。

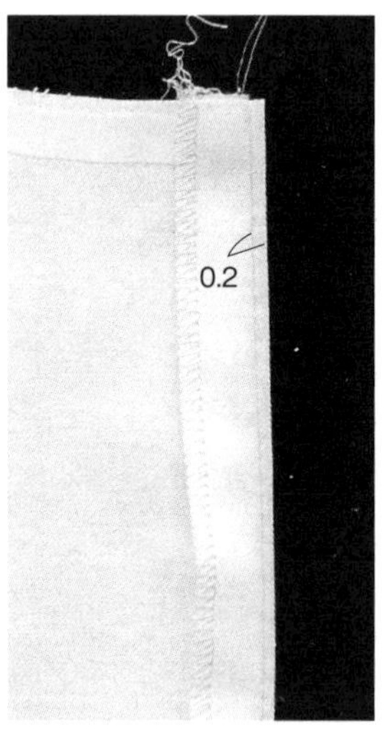

4 下侧的左缝份露出0.2cm之后折入。

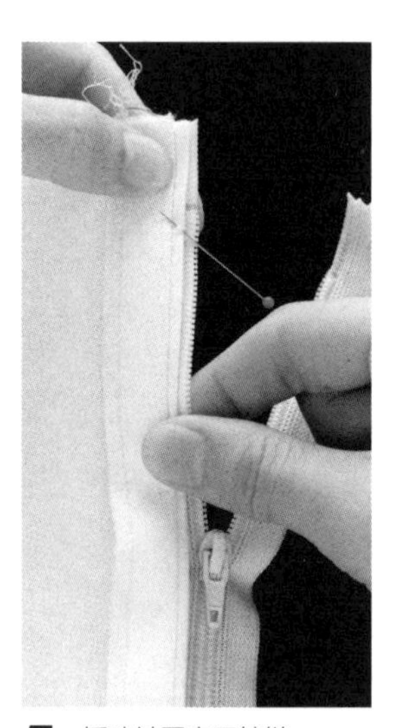

5 插珠针固定于拉链。

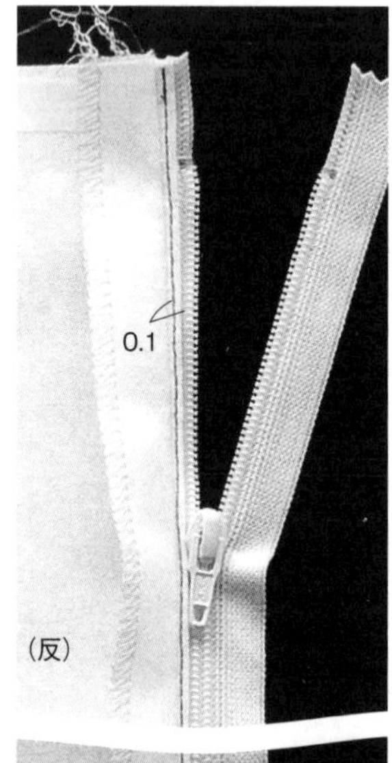

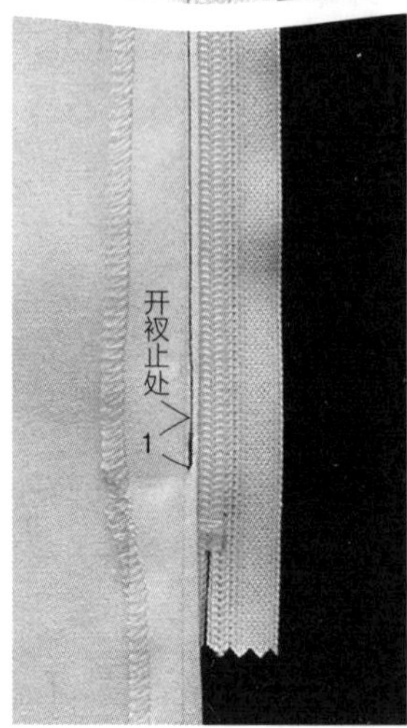

6 车缝。

7 将上方的粗针脚车缝线松开5cm左右，按成品状态摊开衣片。

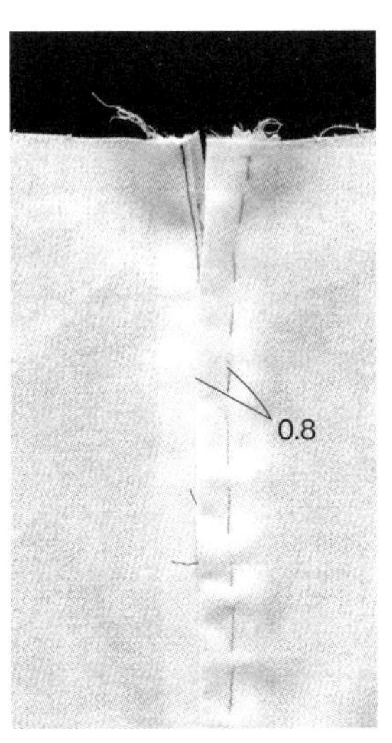

8 在明线车缝位置稍外侧缭缝。

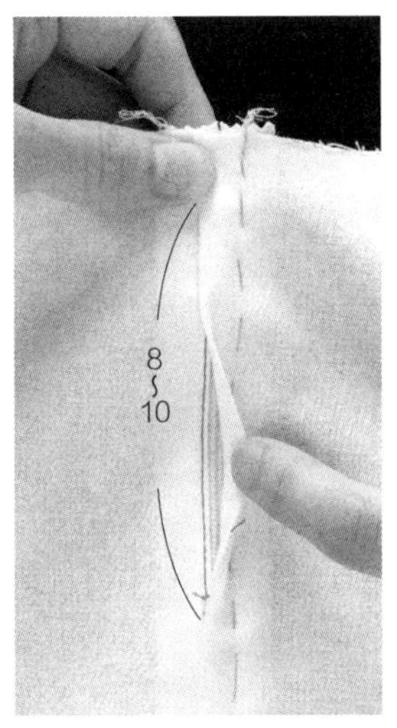

9 再将粗针脚车缝线松开一点，使拉链的拉头能够移动。

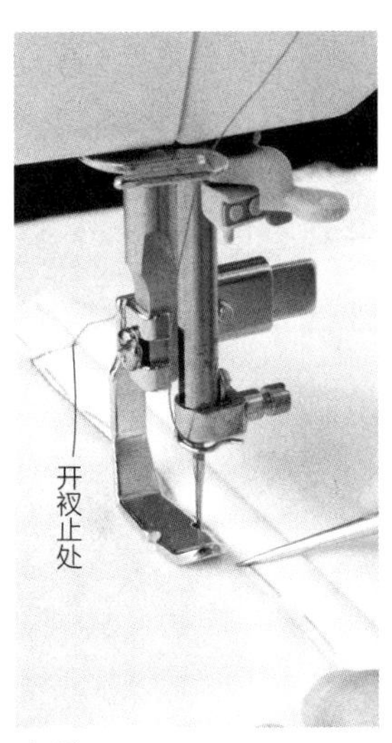

10 将车缝机的压脚换成单侧压脚。

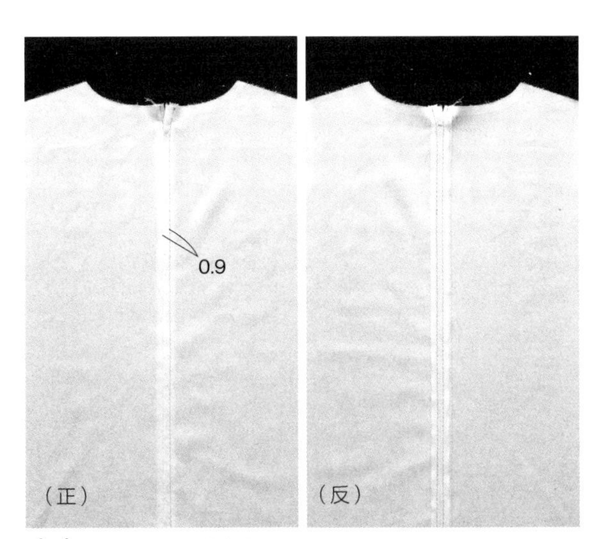

11 闭口拉链开襟完成。

用斜裁布处理领窝，弹簧钩缝接于上侧反面，下侧正面制作绳襻（用于挂住弹簧钩）。
→p.70,p.79

11、12

A 形及膝无袖连衣裙→p.14,p.15

→p.14,p.15

●所需纸型【C 面】

前衣片、后衣片、前领窝贴边、后领窝贴边（前后衣片的领窝侧和裙摆侧对齐）

●材料

表布 =148cm×210cm
配布 =90cm×40cm
黏合衬 =40cm×30cm
黏衬嵌条 =1.2cm× 适量
拉链 =60cm×1 根
弹簧钩 =1 组

●裁剪

前衣片、领窝斜裁布各 1 片，后衣片、后领窝贴边、袖窿斜裁布各 2 片。参照裁剪图，贴黏合衬。领窝、袖窿、拉链位置贴黏衬嵌条。※处理前后衣片的肩部、侧身、裙摆、后中心的缝份。

●缝制步骤

1 缝合后中心的开衩。
→p.58（隐藏拉链开襟）
2 正面向内缝合前后肩，缝份摊开。
3 用贴边处理领窝和袖窿。※ 图
4 缝合前后衣片的侧身，缝份摊开。※ 图
5 用斜裁布处理袖窿。※ 图
6 缭缝裙摆。
7 缝接弹簧钩。（参照 p.59）

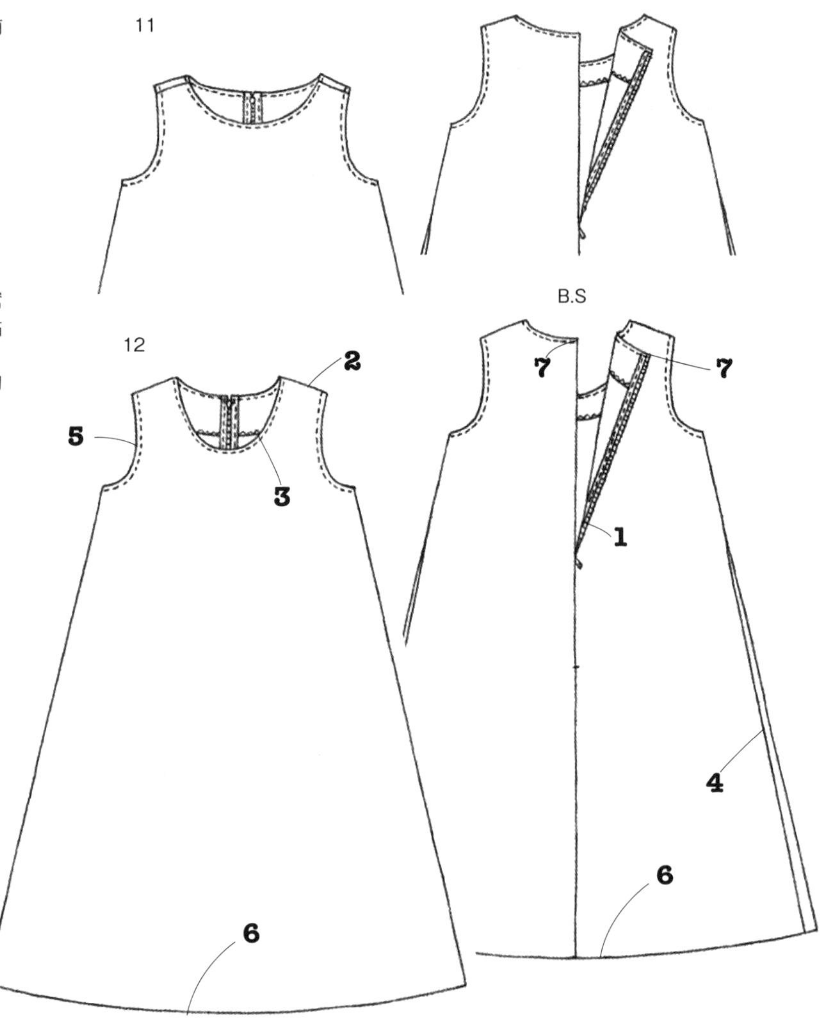

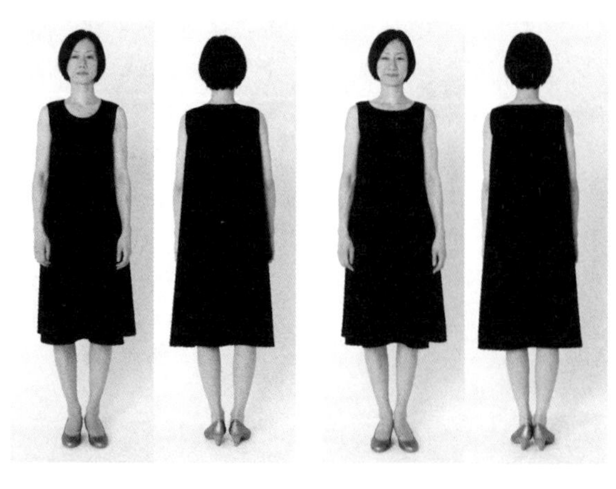

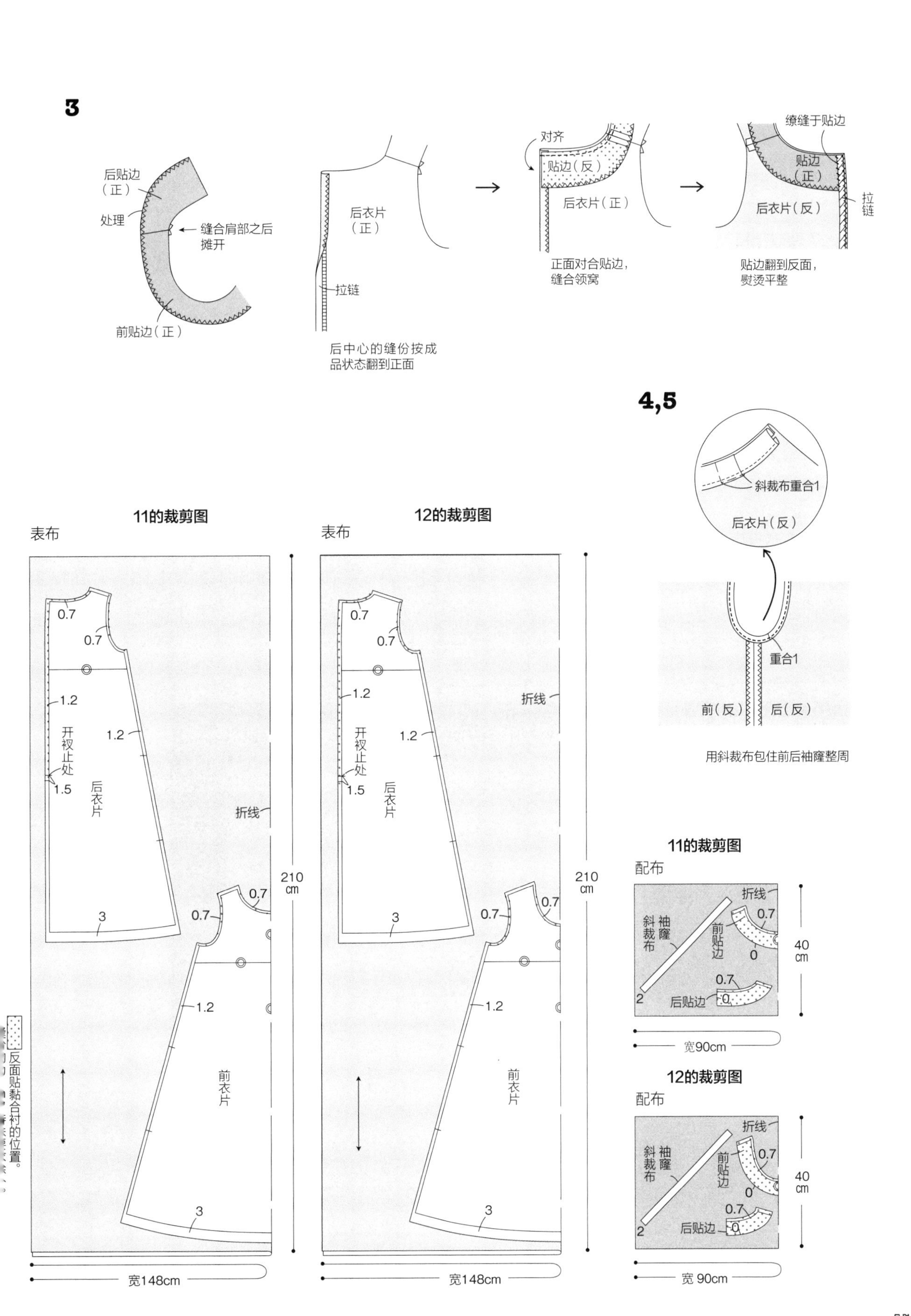
3
后贴边
（正）
处理
缝合肩部之后
摊开
前贴边（正）
后衣片
（正）
拉链
后中心的缝份按成
品状态翻到正面
对齐
贴边（反）
后衣片（正）
正面对合贴边，
缝合领窝
缭缝于贴边
贴边
（正）
后衣片（反）
拉链
贴边翻到反面，
熨烫平整
4,5
斜裁布重合1
后衣片（反）
重合1
前（反）
后（反）
用斜裁布包住前后袖窿整周
11的裁剪图
表布
0.7
0.7
1.2
开衩止处
1.5
后衣片
1.2
折线
3
210
cm
0.7
0.7
1.2
前衣片
3
宽148cm
12的裁剪图
表布
0.7
0.7
1.2
开衩止处
1.5
后衣片
1.2
折线
3
210
cm
0.7
0.7
1.2
前衣片
3
宽148cm
11的裁剪图
配布
折线
袖窿斜裁布
前贴边
0.7
0
40
cm
0.7
后贴边
0
2
宽90cm
12的裁剪图
配布
折线
袖窿斜裁布
前贴边
0.7
0
40
cm
0.7
后贴边
0
2
宽 90cm
反面贴黏合衬的位置。

隐藏拉链开襟

拉链接在缝线上的开襟。拉链本身及针脚均看不见，需要隐藏开襟部分时使用。

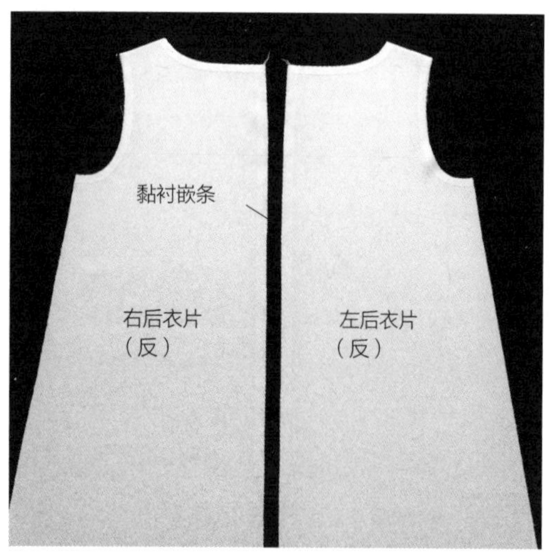

1 接拉链的开衩部分的反面贴黏衬嵌条，并处理缝份。

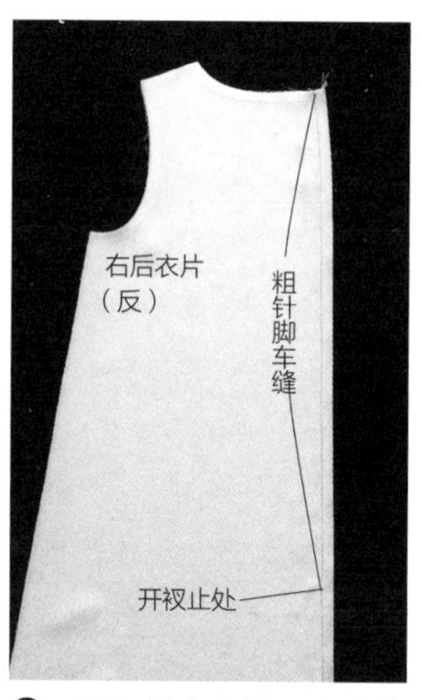

2 正面对合左右侧，开衩部分粗针脚车缝，开衩止处以下部分通常缝合。

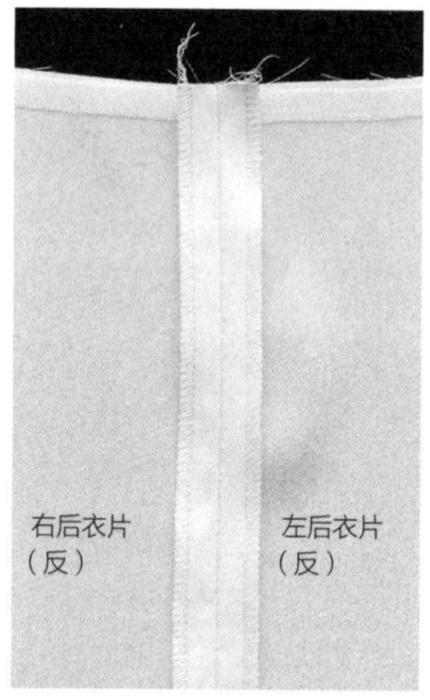

3 熨烫摊开缝份。

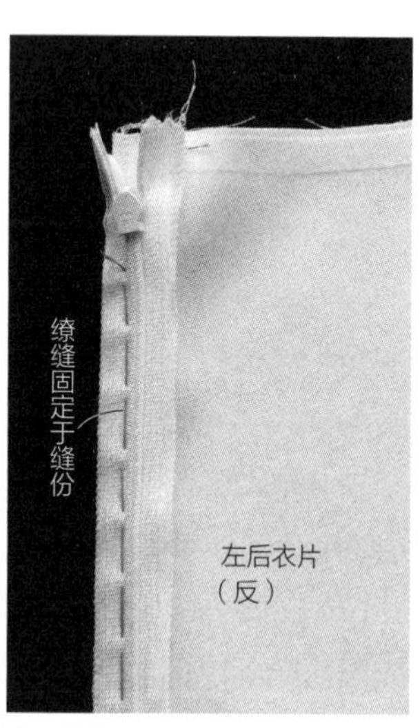

4 对齐针脚和隐藏拉链，逐边缭缝固定于缝份。

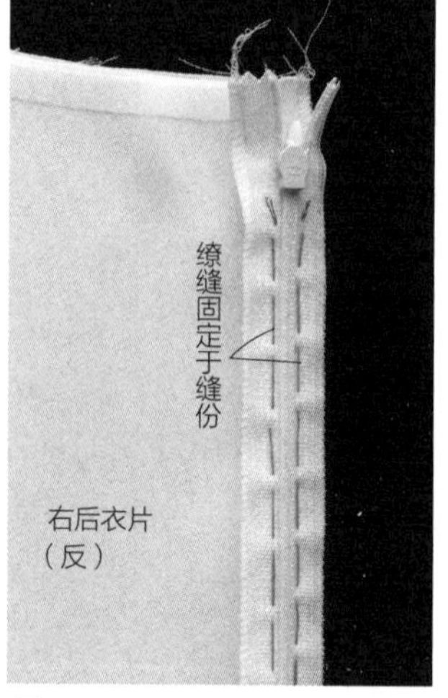

5 已缭缝固定于缝份。

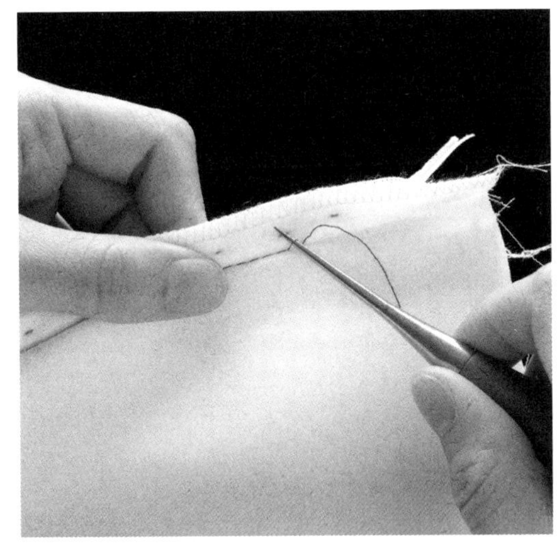

6 将开衩部分的粗针脚车缝线松开。

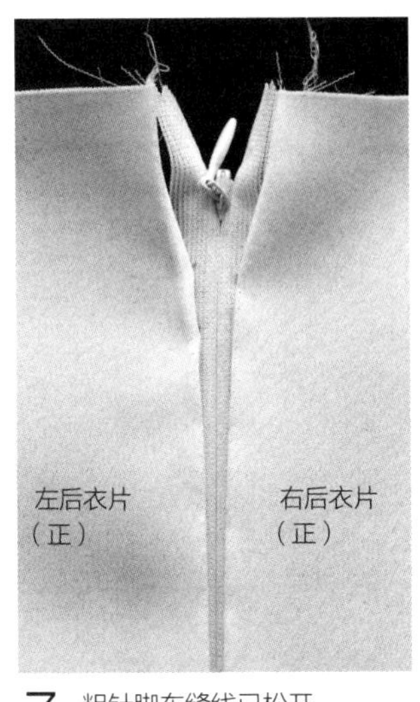

7 粗针脚车缝线已松开。

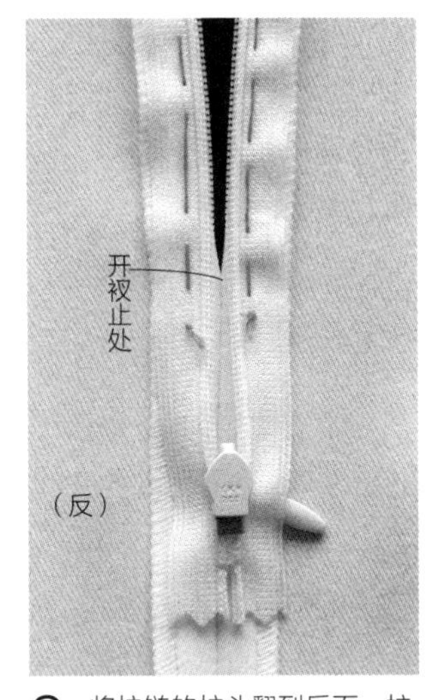

8 将拉链的拉头翻到反面，拉至最下方。

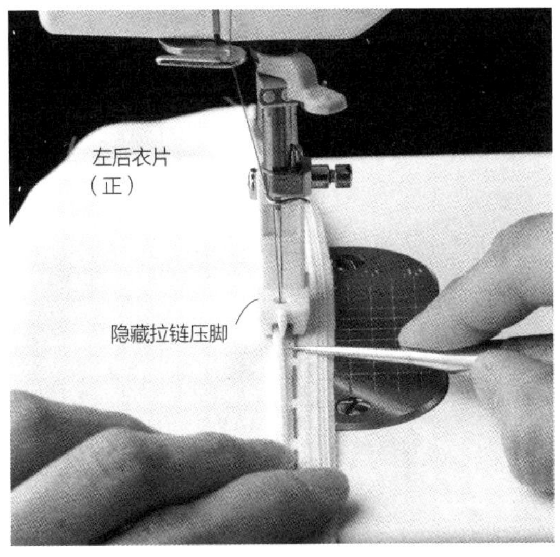

9 将缝纫机的压脚替换成隐藏拉链压脚，缝接拉链。

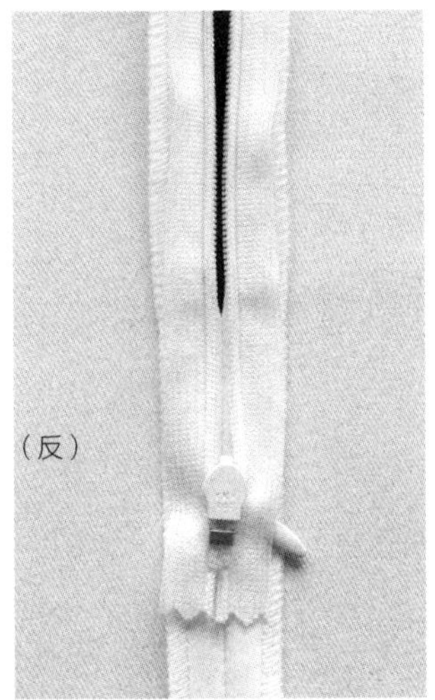

10 拉头翻到正面，限位码移动至开衩止处位置，并用钳子等紧固。

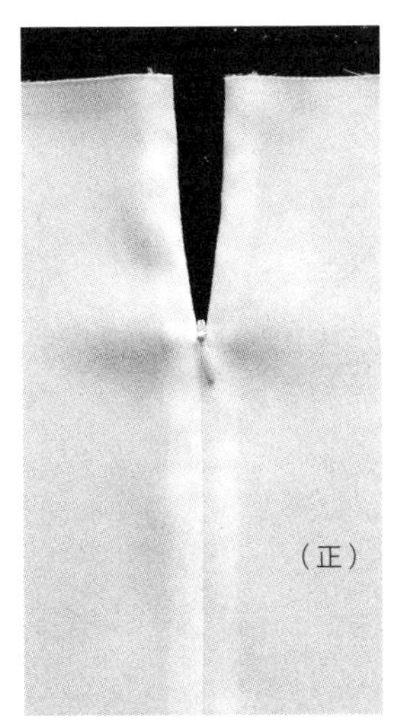

11 拉链接在缝线上，从正面开不见拉链。

12 隐藏拉链开襟完成（正）。

（反）

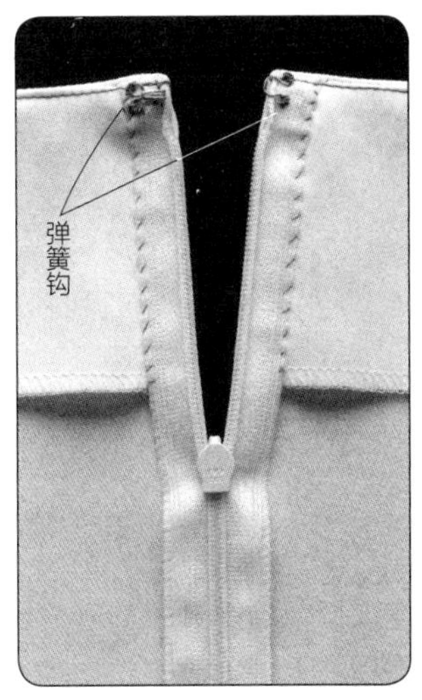

用贴边回针缝领窝，缝接弹簧钩。→p.70

外贴边领口方形斗篷→p.16

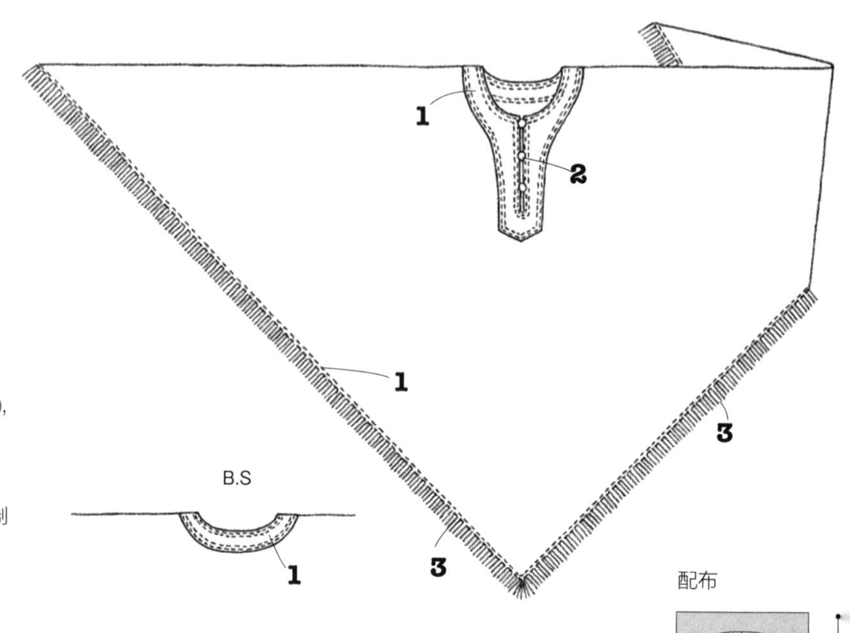

●所需纸型【C面】

前后贴边

●材料

表布 =150cm×150cm

配布（小山羊皮质感人造革）=30cm×50cm

黏衬嵌条 =1.2cm× 适量

纽扣 = 直径 2cm×3 个

●裁剪

衣片、前后贴边各 1 片。

※ 前后衣片不使用纸型，直接裁剪。

●缝制步骤

1 衣片周围双线滚边车缝（最后作为穗饰），在斜裁位置制作领口开襟。※ 图 →p.61 领口开襟（外贴边）

2 开襟侧制作布襻，并缝接纽扣。→p.78

3 抽离周围的经纱及纬纱（至滚边位置），制作穗饰。

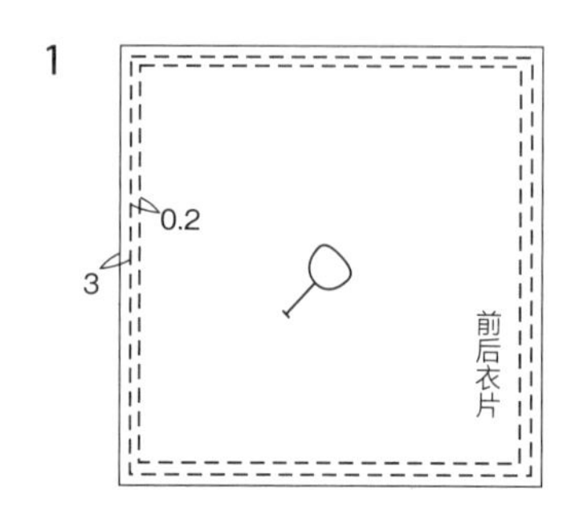

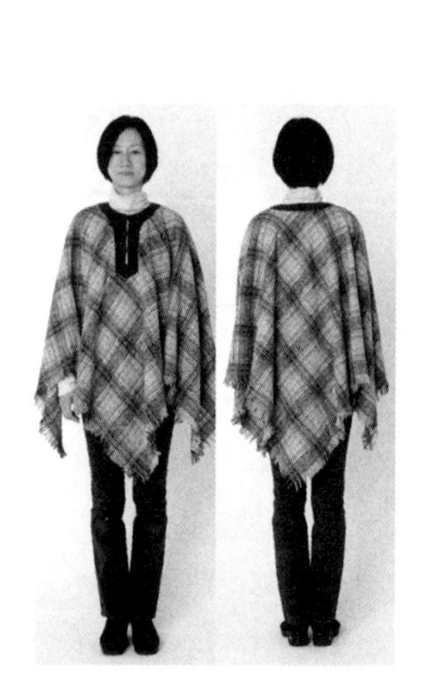

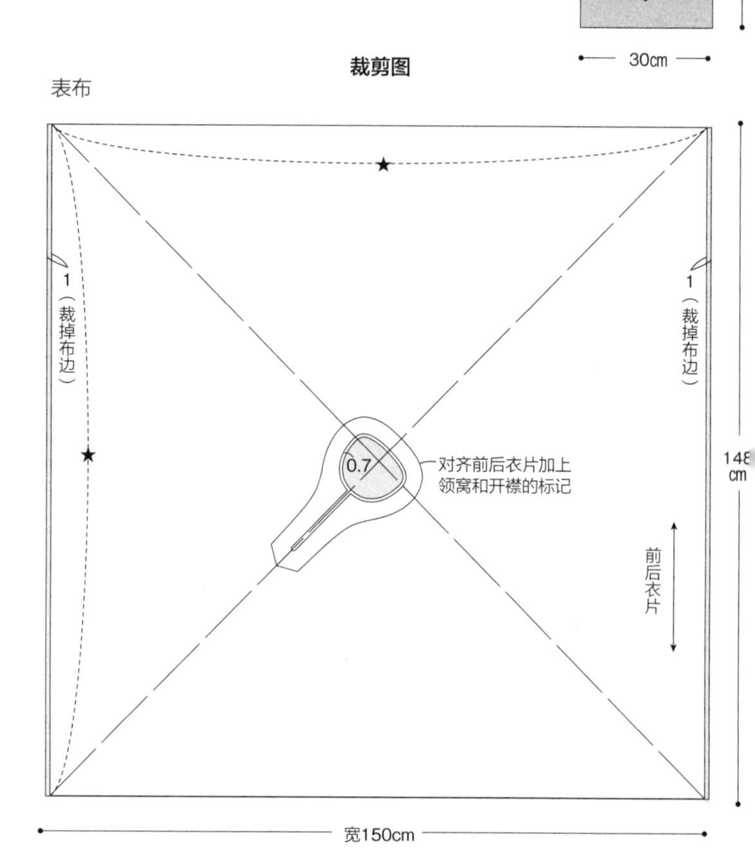

领口开襟（外贴边）

对齐贴边加入剪口，回针缝制作而成的开襟。
此处，贴边使用配布，并通过翻到正面的缝制方法进行说明。

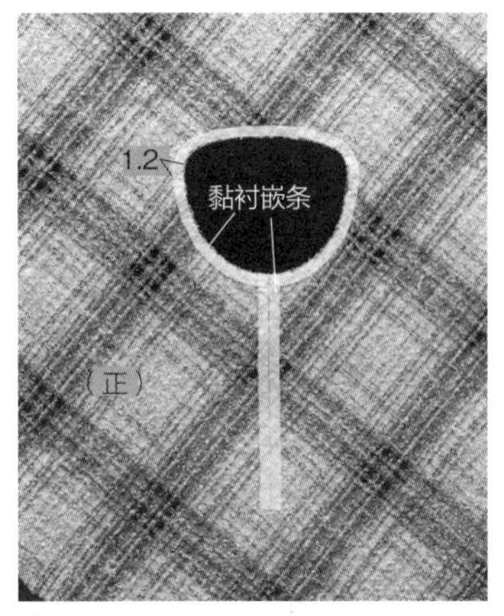

1 表面贴黏衬嵌条。

（反）

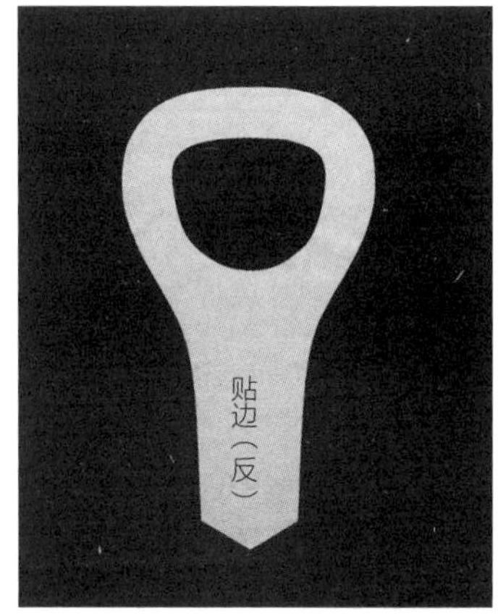

2 配布的贴边。

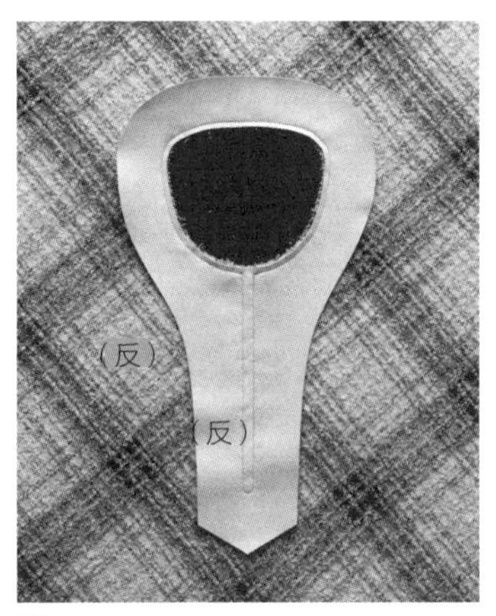

3 贴边的正面对合表布的反面，缝合领窝及开襟。

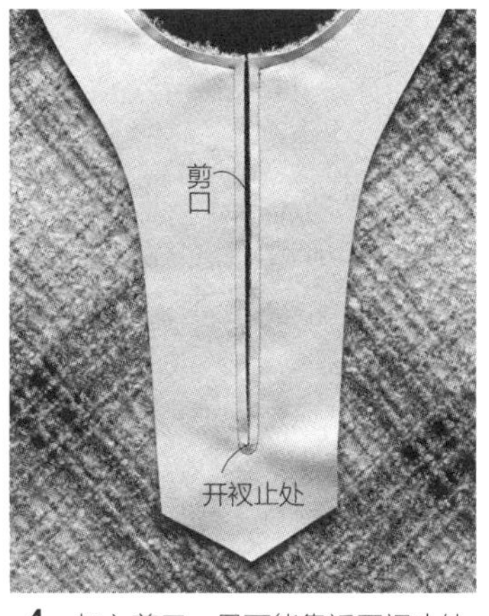

4 加入剪口，尽可能靠近开衩止处。同时，注意避免断线。

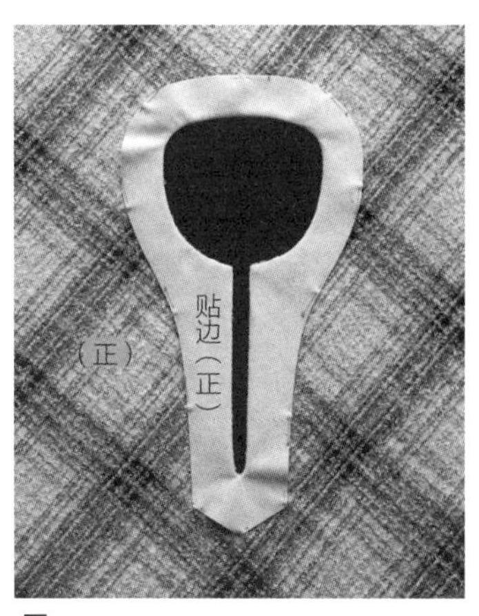

5 贴边翻到正面，插珠针固定。

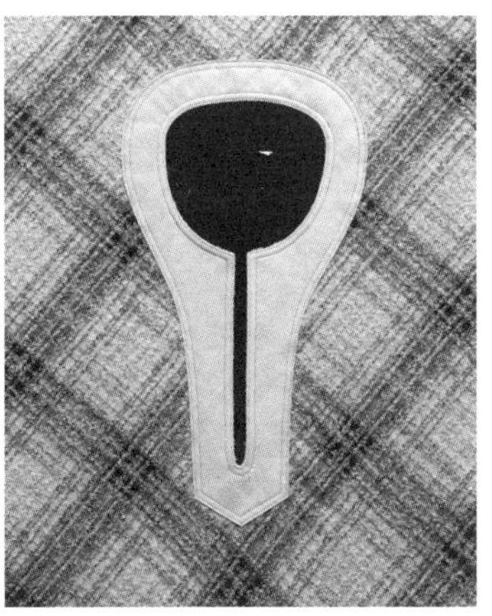

6 明线车缝，领窝开襟完成。

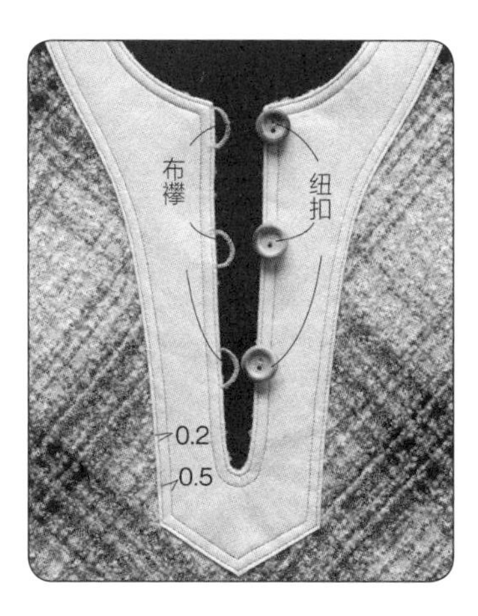

制作线襻扣眼，缝接纽扣。
→p.78

14 内贴边领口方形斗篷→p.17

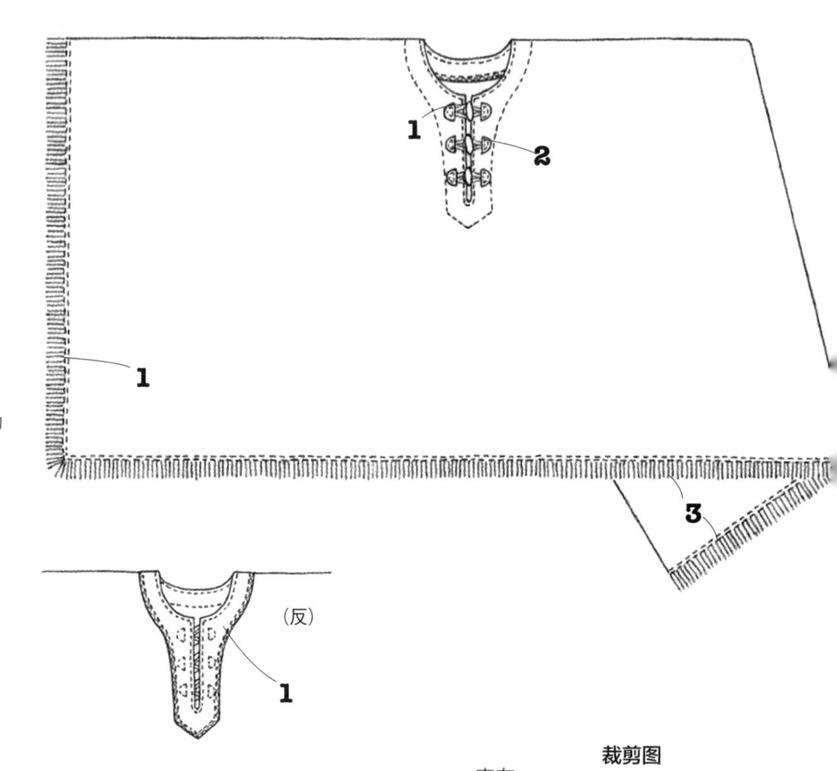

●所需纸型【C 面】

前后贴边

●材料

表布 =150cm × 180cm

黏合衬 =50cm × 40cm

黏衬嵌条 =1.2cm × 适量

羊角扣 =1.5cm × 4cm × 3 组

●裁剪

衣片、前后贴边各 1 片。

※ 前后衣片不使用纸型，直接裁剪。

●缝制步骤

1 前后衣片周围双线滚边车缝（最后作为穗边），制作领口开襟。※ 图 → p.63 领口开襟（内贴边）

2 布襻及羊角扣缝接于开襟。

3 抽离周围的经纱及纬纱（至滚边位置），制作穗边。

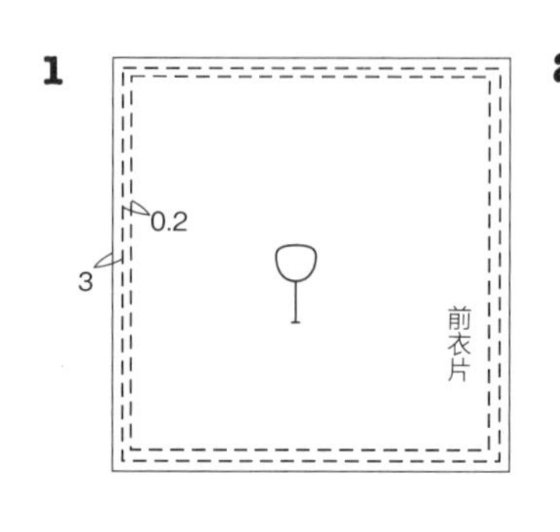

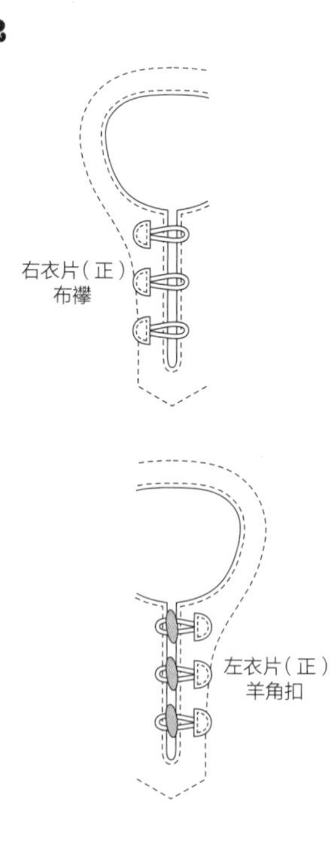

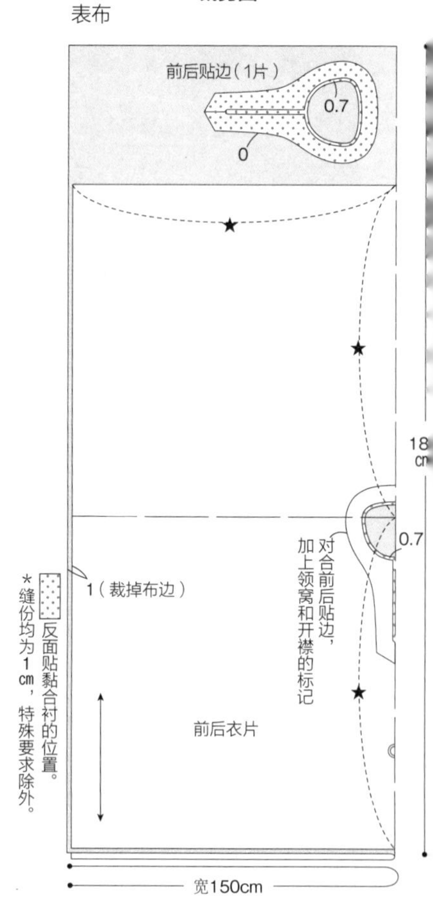

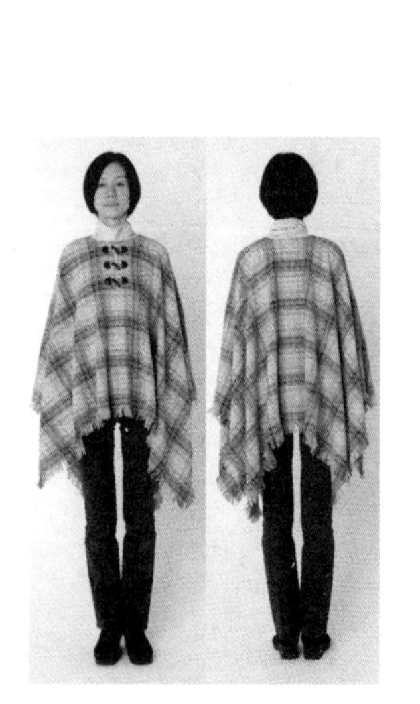

领口开襟（内贴边）

对齐贴边加入剪口，回针缝制作而成的开襟。
此处，通过同一布料贴边进行说明。

裁剪。

1 反面贴黏衬嵌条。

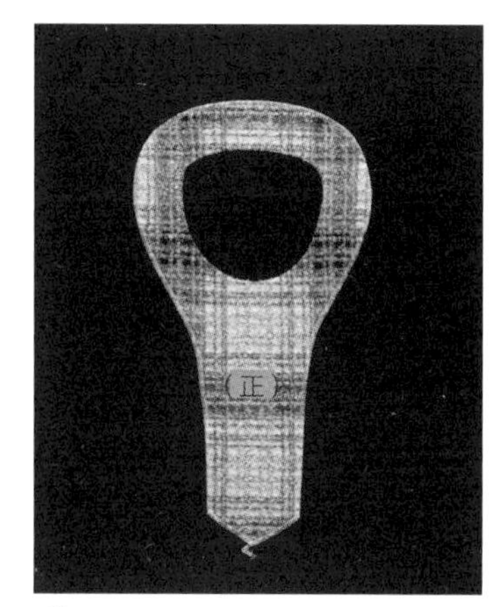

2 贴边。反面贴黏合衬，处理四周。

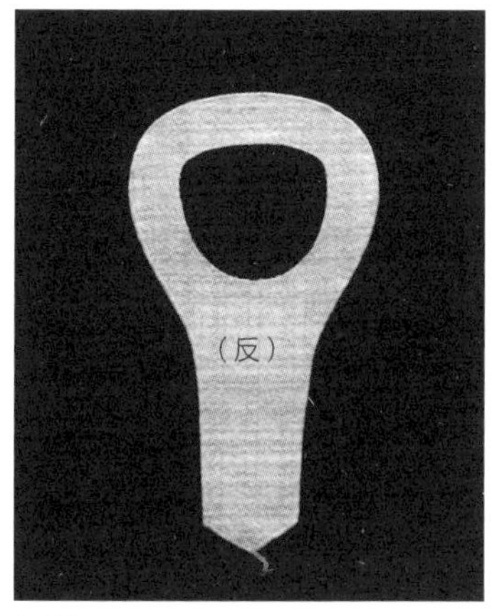

（反）

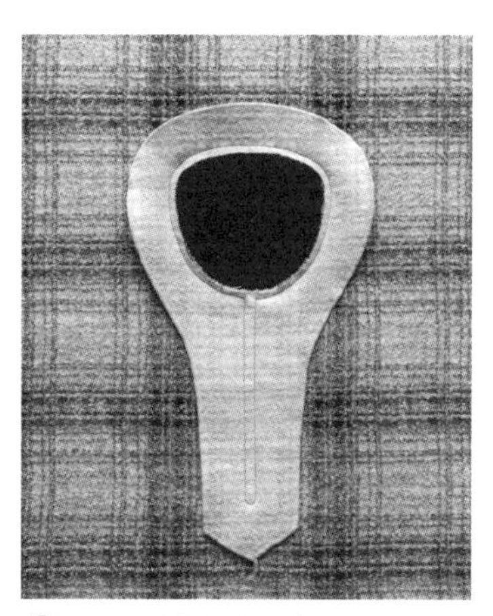

3 正面对合衣片和贴边，缝合领窝和开襟。

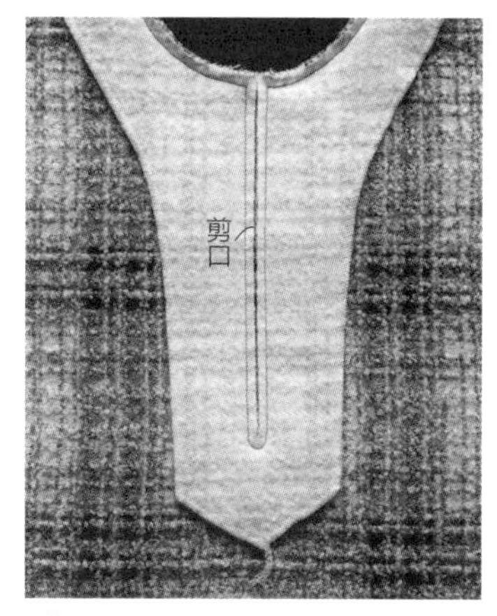

4 加入剪口，尽可能靠近开衩止处。同时，注意避免断线。

5 贴边翻到反面，插珠针固定。

6 明线车缝，领窝开襟完成。

缝合布襻和羊角扣。

15 防晒连帽斗篷→p.18

●所需纸型【C 面】
前后衣片、衩条、连帽、连帽拼接布

●材料
表布 =115cm×300cm
配布 =110cm×20cm
斜裁布带 = 对折 0.5cm×420cm

●裁剪
表衣片、后衣片、连帽拼接布各 1 片，衩条、连帽各 2 片。

●缝制步骤

1 前衣片制作开襟。
→p.65（领口对合开襟）

2 正面向内缝合前后肩部。缝份用斜裁布带镶边（滚边处理）之后压向后侧。

3 制作连帽。※ 图
正面向内缝合左右连帽。缝份用斜裁布带镶边（滚边处理）之后压向右侧。接着，缝接拼接布。

4 连帽缝接于衣片的领窝，缝份滚边处理。缝份压向衣片侧，前端部分明线车缝固定。※ 图

5 滚边处理衣片的衣摆。

6 滚边处理袖口，滚边端部制作蝴蝶结。

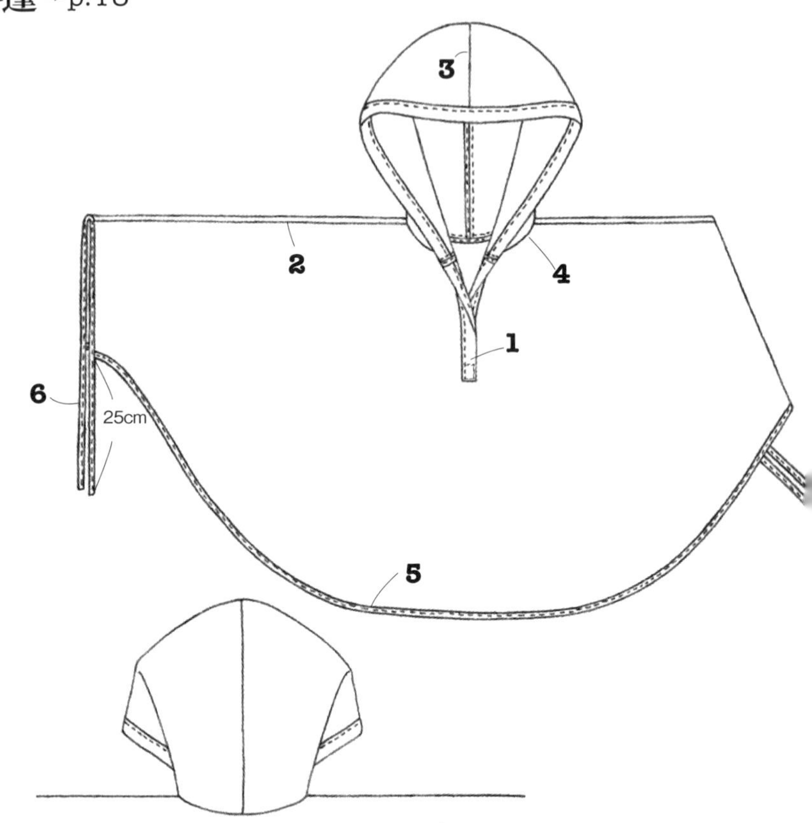

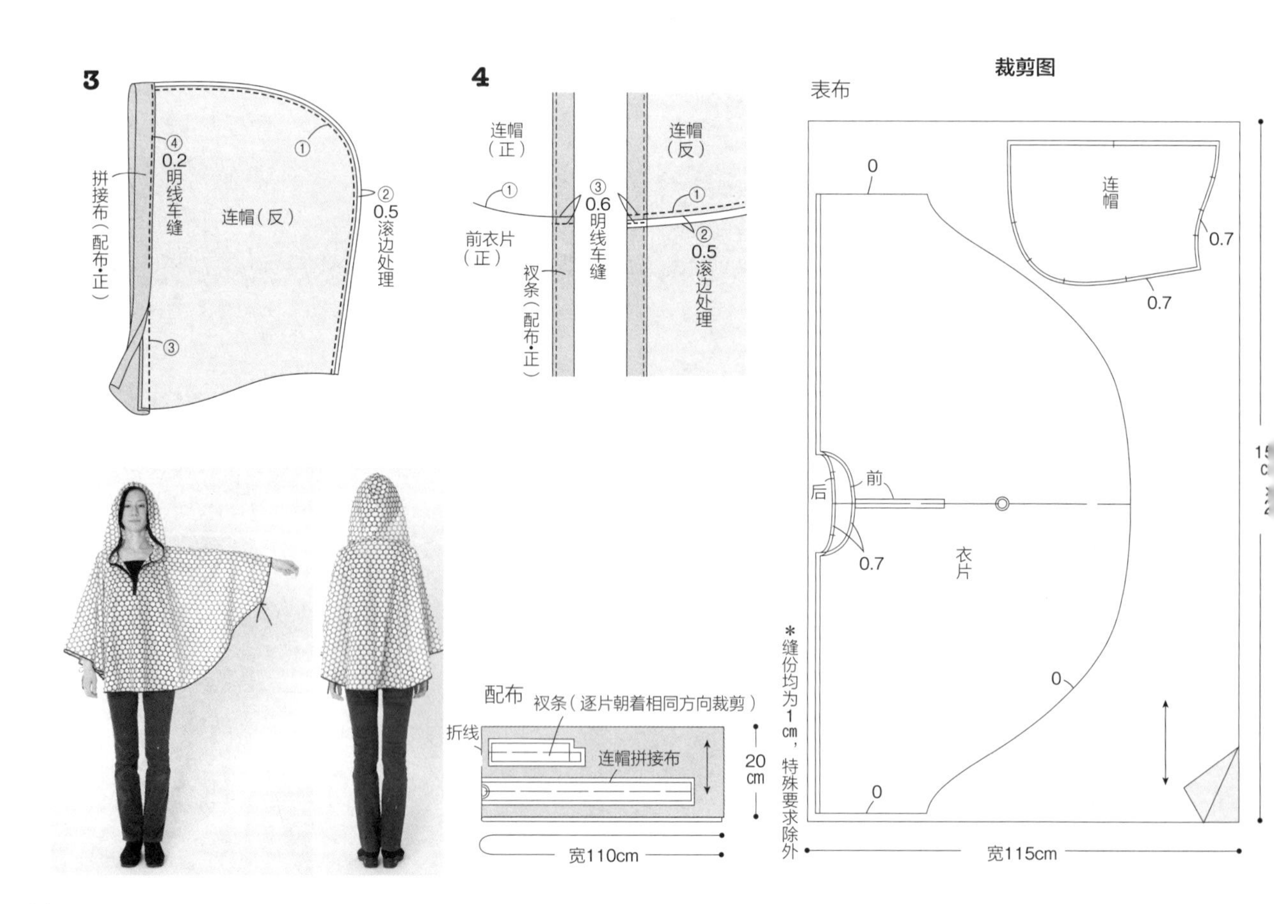

领口对合开襟

加入剪口之后缝接衩条的开襟。
与袖口使用的衩条相同。
此处，通过正反面均折入的处理方法进行说明。（袖口的衩条参照 p.29）

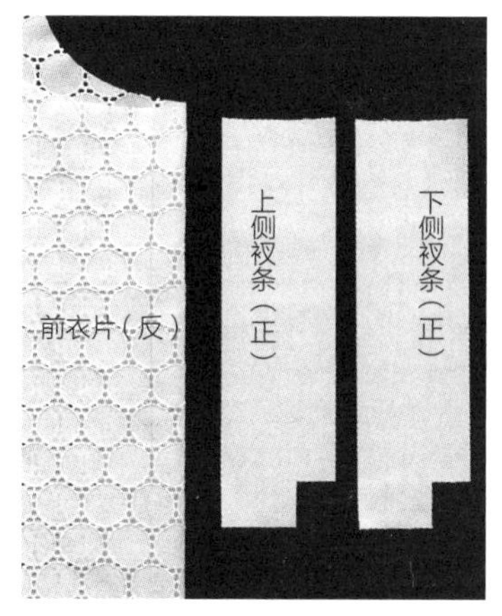

裁剪。2片衩条为相同形状，裁剪时注意。

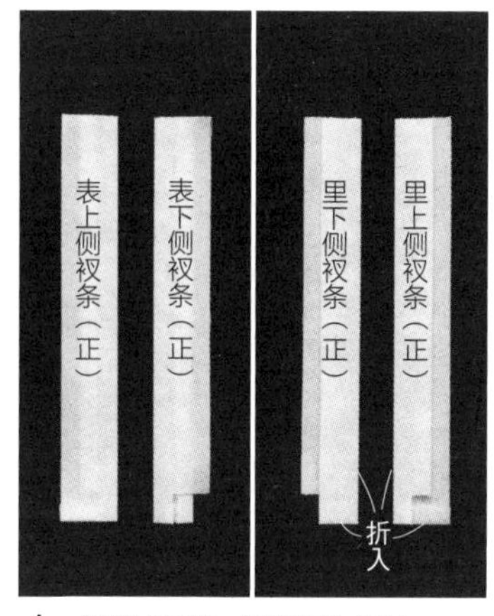

1 沿着成品线，熨烫折入衩条。

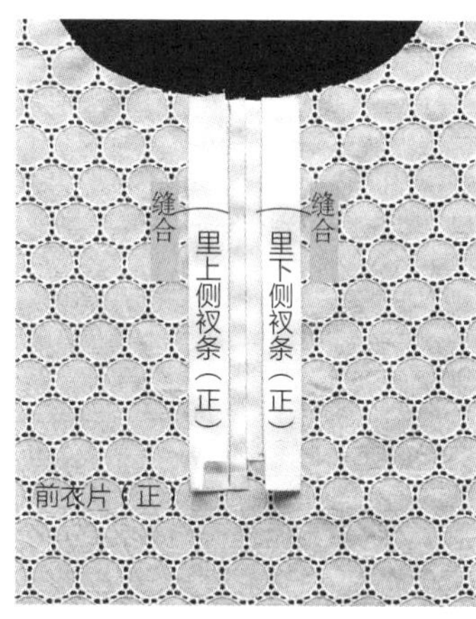

2 衩条分别正面向内缝合于前衣片。

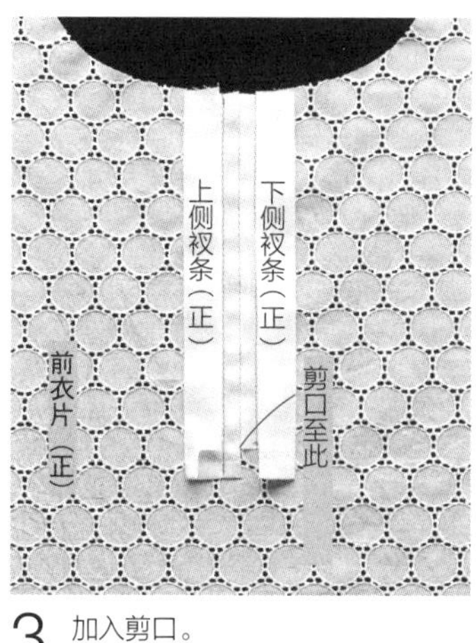

3 加入剪口。

4 下侧衩条翻到反面，包住缝份之后明线车缝。

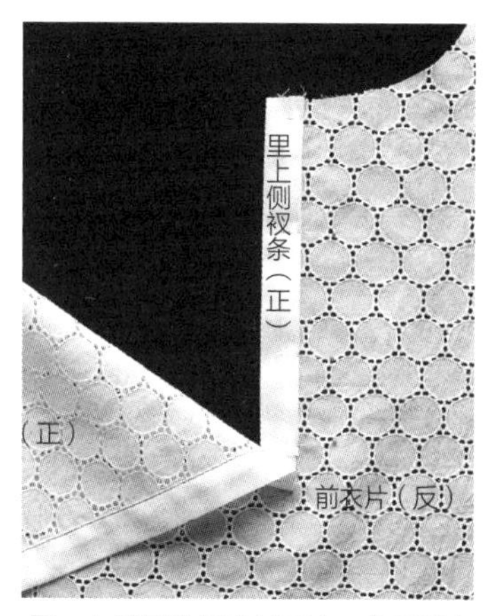

5 上侧同样插珠针固定，并明线车缝。

6 对合开衩止处，插珠针固定。

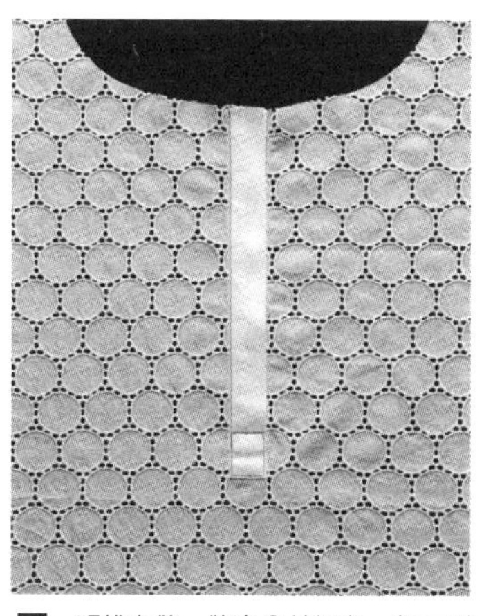

7 明线车缝，缝合 2 片衩条。领口对合开襟完成（正）。

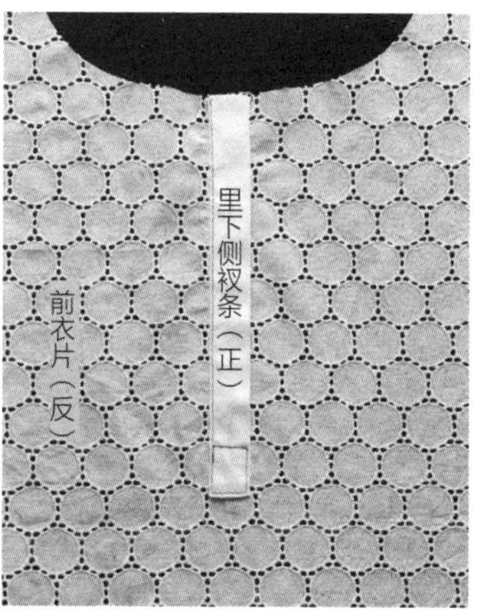

（反）

百褶裙→p.21
滚边腰带

●所需纸型【D面】
前裙片、后裙片、腰围滚边布（对合前后裙片的腰围侧及裙摆侧）

●材料
表布 =150cm×150cm
黏衬嵌条 =1.2cm× 适量
隐藏拉链 =22cm×1根
弹簧钩 =1组

●裁剪
前裙片、后裙片、腰围滚边布各1片。前后左侧身的拉链位置贴黏衬嵌条。

●缝制步骤
1 处理前后裙片的侧身和裙摆，沿着成品线熨烫折入裙摆。※图
2 缝合前后裙片的左侧身，缝接隐藏拉链。→p.68（隐藏拉链开衩）
3 缝合右侧身，摊开缝份。
4 折叠衣褶，车缝固定。抽褶或粗针脚车缝，收紧对齐腰围尺寸。※图
5 用滚边布处理腰围，缝接弹簧钩。→p.70
6 缭缝处理裙摆。

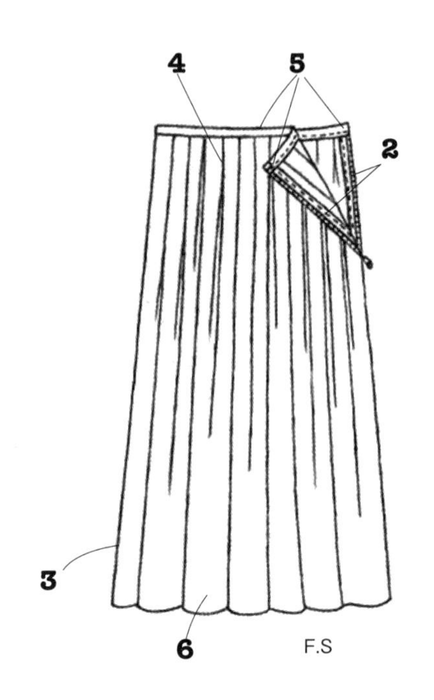

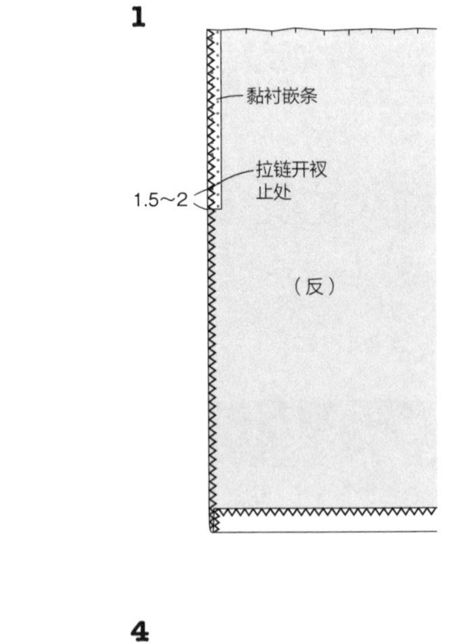

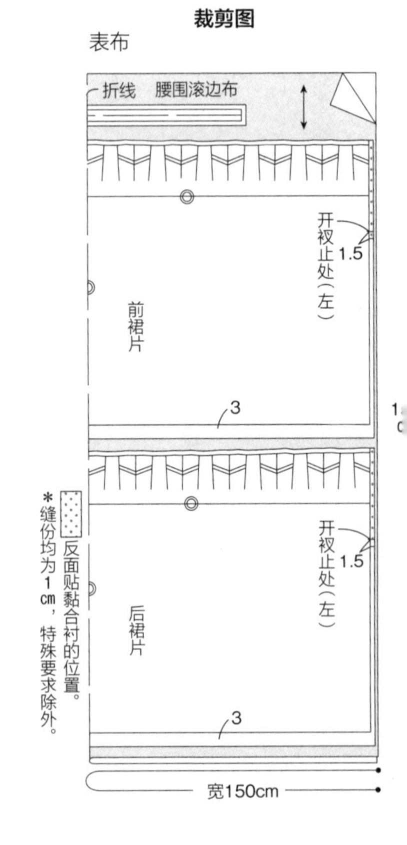

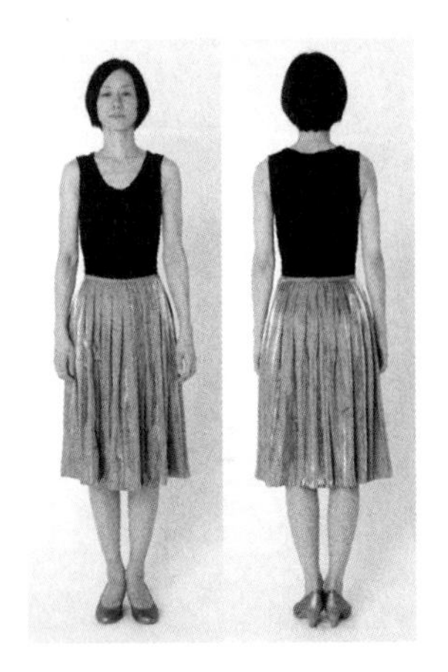

百褶裙→p.20,p.21

拼接腰带

●所需纸型【D面】

前裙片、后裙片、腰带布（对合前后裙片的腰围侧及裙摆侧）

●材料

表布 =150cm×150cm

黏衬嵌条 =1.2cm× 适量

隐藏拉链 =22cm×1 根

裤钩 =1 组

合扣 =1 组

●裁剪

前裙片、后裙片、腰带布各 1 片。前后左侧身的拉链位置贴黏衬嵌条。

●缝制步骤

1 处理前后裙片的侧身和裙摆，沿着成品线熨烫折入裙摆。※ 图

2 缝合前后裙片的左侧身，缝接隐藏拉链。 →p.68（隐藏拉链开衩）

3 缝合右侧身，摊开缝份。

4 折叠衣褶，车缝固定。抽褶或粗针脚车缝，收紧对齐腰围尺寸。→p.66 的 4

5 腰带布缝接于腰围，缝接裤钩和合扣。 ※ 图→p.71

6 缭缝处理裙摆。

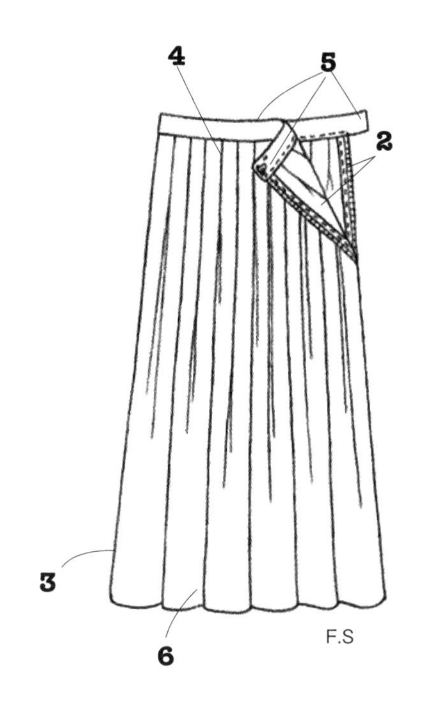

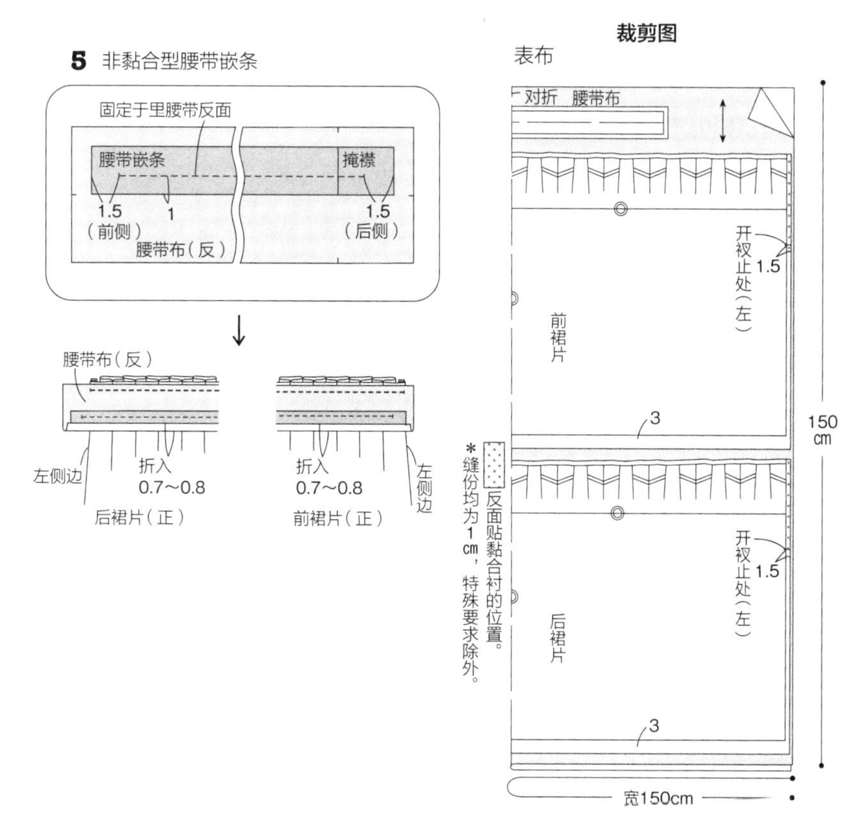

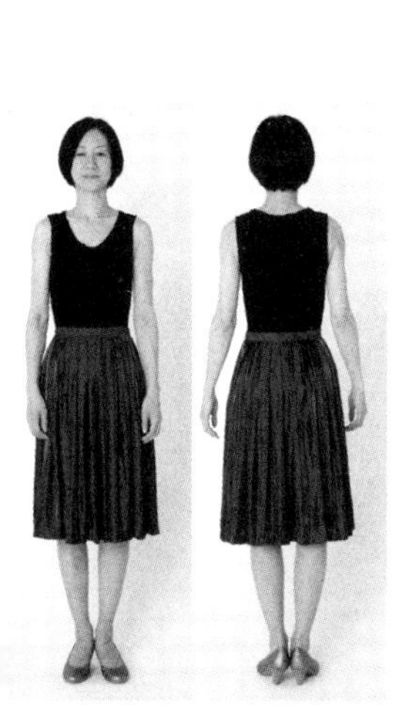

隐藏拉链开衩

拉链接在缝线上的开襟。拉链本身及针脚均看不见，
需要隐藏开襟部分时使用。

隐藏拉链压脚
专用压脚，能够紧贴拉链的边缘进行缝合。
左：工业用
右：家庭用

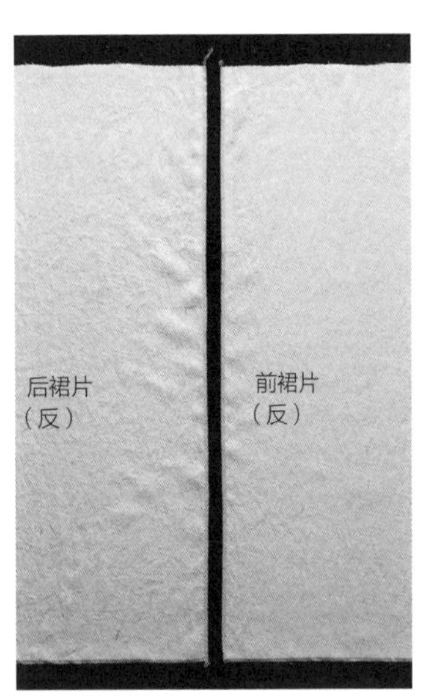

1 拉链部分的反面贴黏衬嵌条，处理缝份。

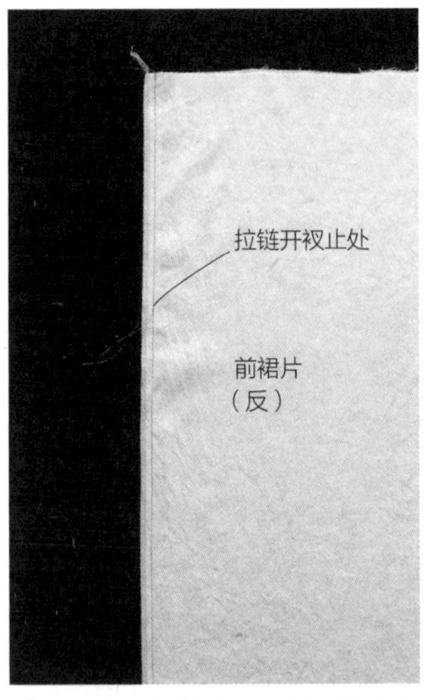

2 正面对合前后裙片，开衩部分粗针脚车缝，开衩止处至下方常规缝合。

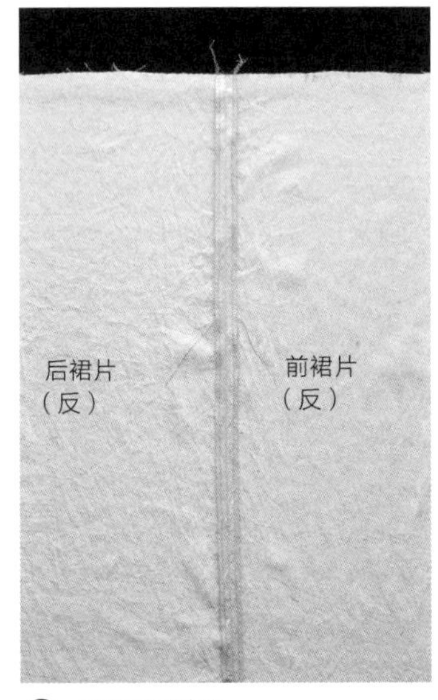

3 熨烫摊开缝份。

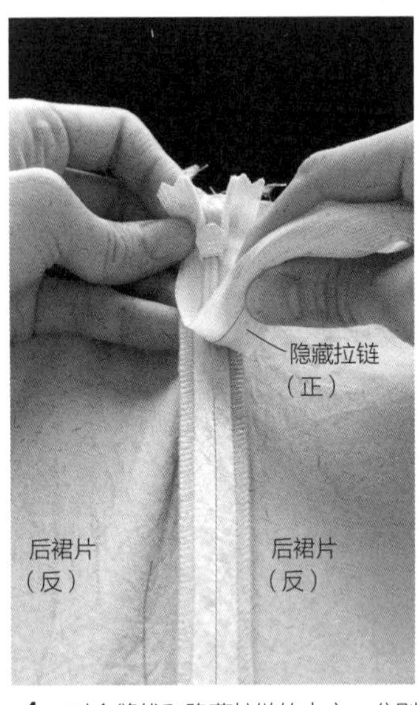

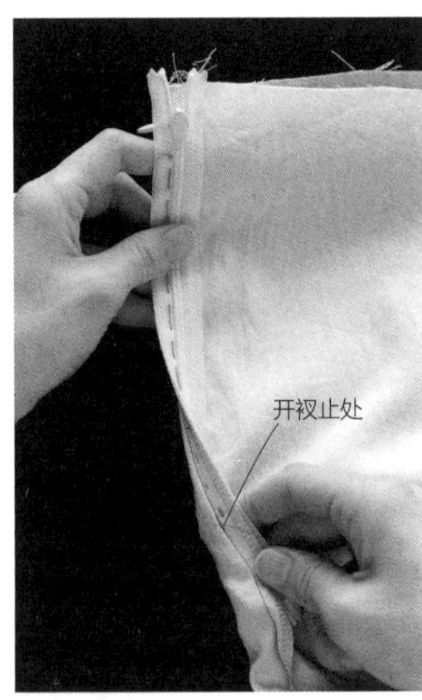

4 对合缝线和隐藏拉链的中心，分别缭缝固定于缝份。

5 拉链缭缝固定于各缝份。

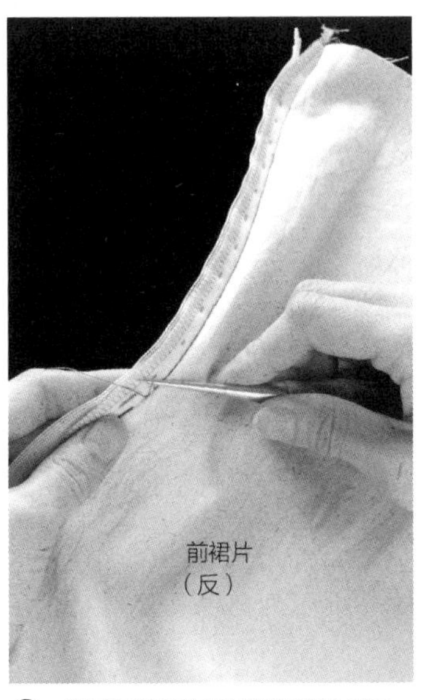

6 将开衩部分的粗针脚车缝线松开。

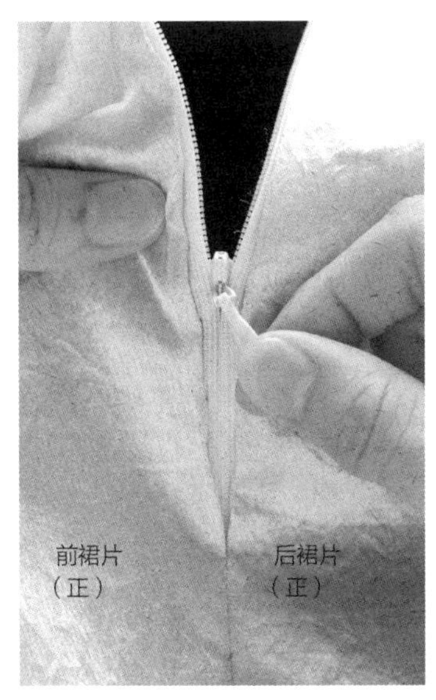

7 拉头翻到反面，拉到最下方。

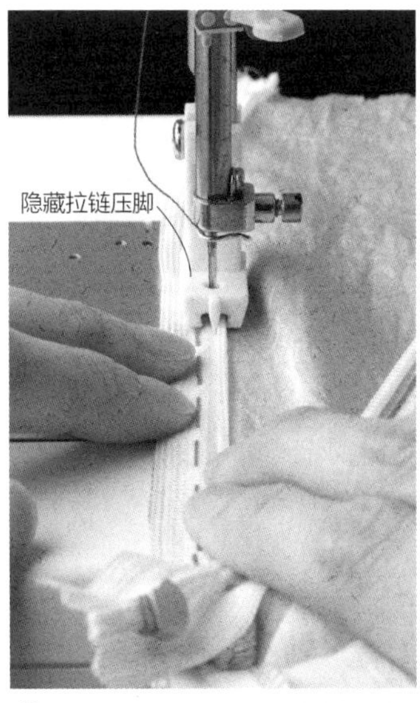

8 车缝压脚替换为隐藏拉链压脚，缝接拉链。

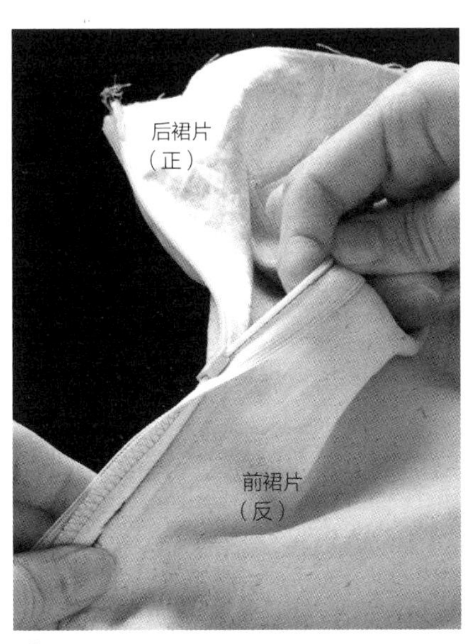

9 拉链缝接完成。

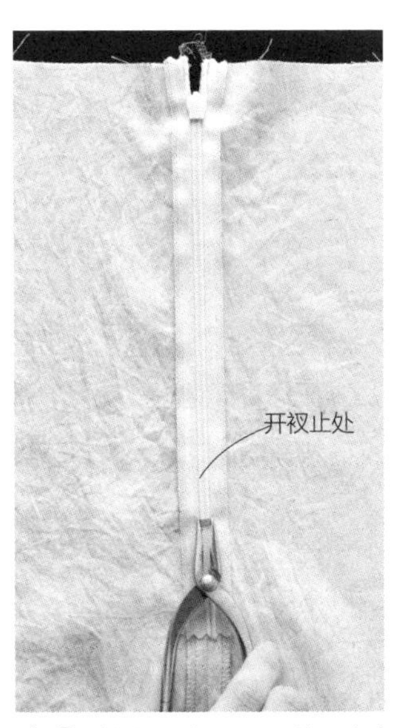

10 拉头翻到正面，限位码移动至开衩止处，用钳子等固定。

11 隐藏拉链开衩完成（从正面只能看到拉头）。

弹簧钩的缝接方法

对合

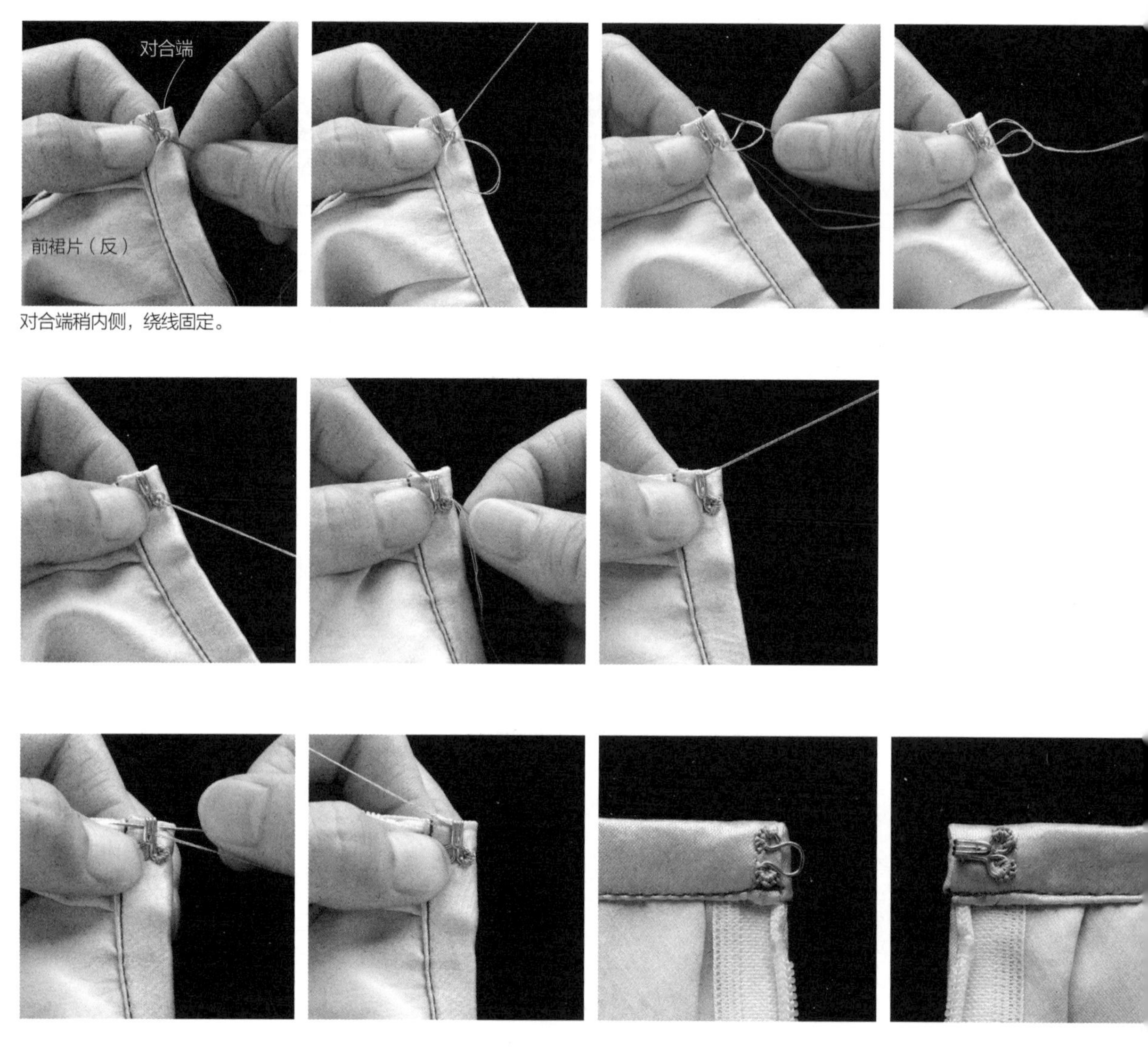

对合端稍内侧，绕线固定。

弹簧钩合上状态

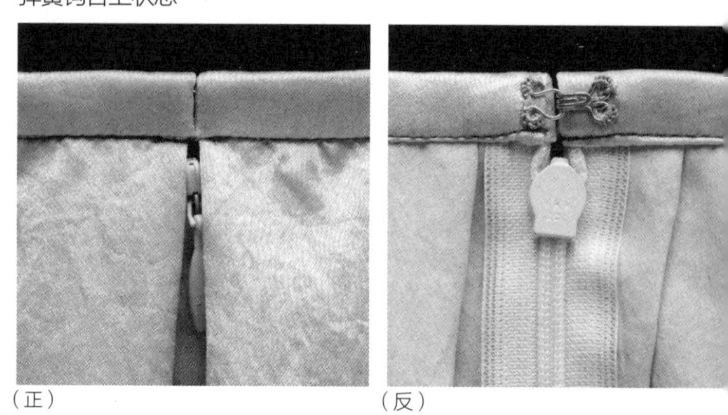

（正）　（反）

裤钩和合扣的缝接方法

重叠

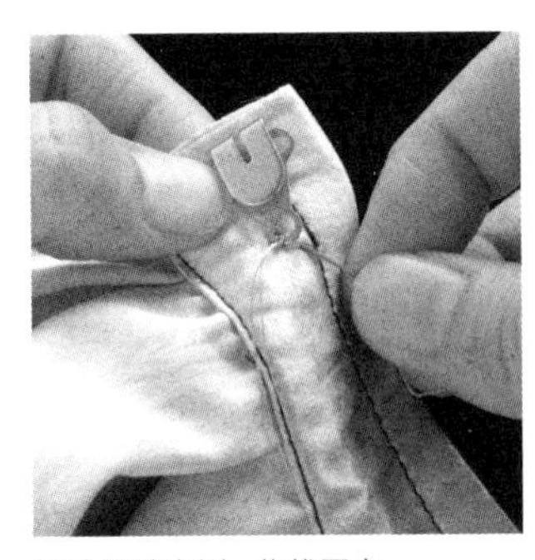

对合端稍内侧，绕线固定。

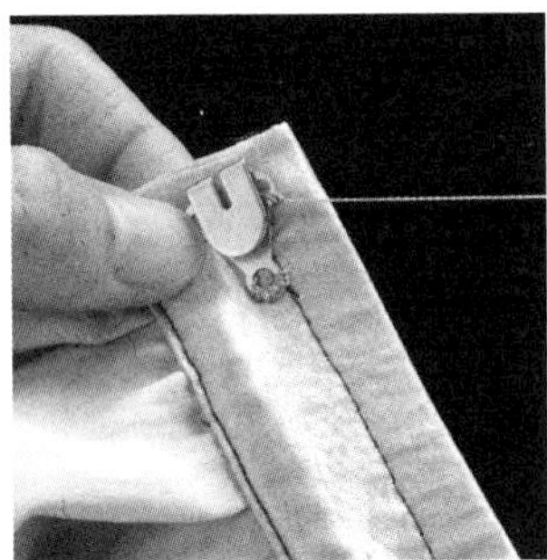

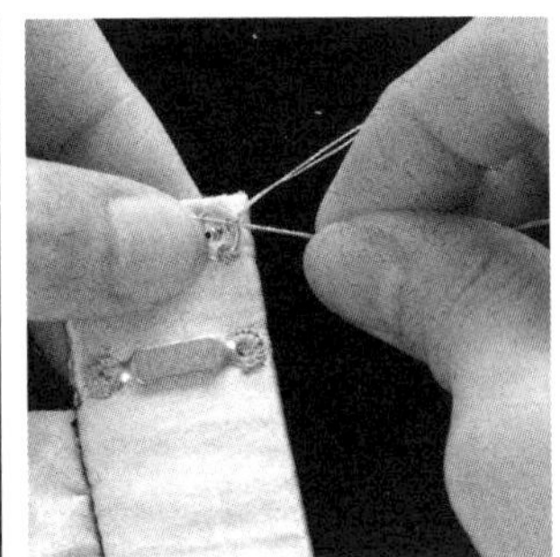

与裤钩相同方式固定。

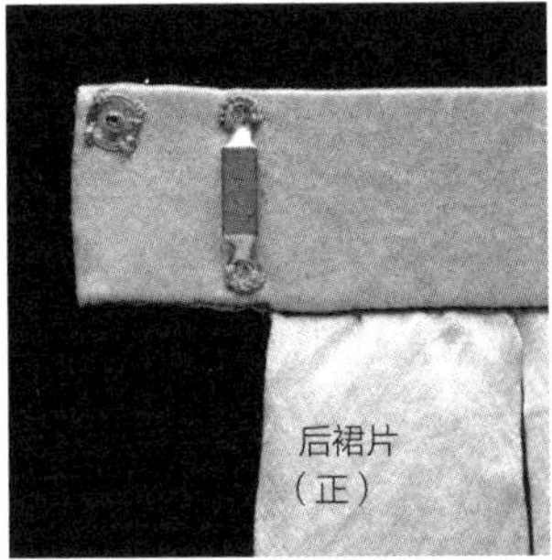

裤钩合上状态

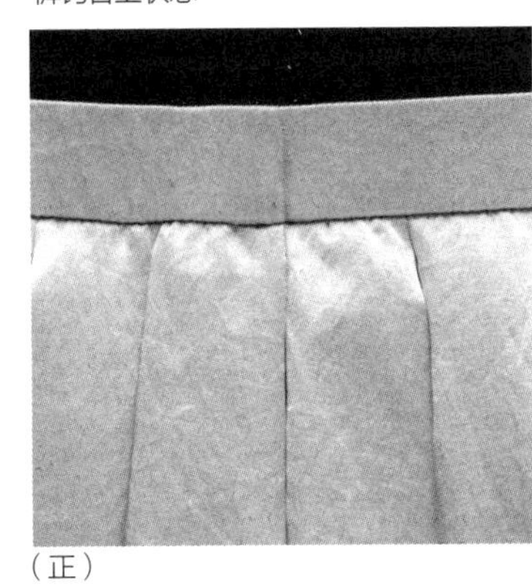

（正）

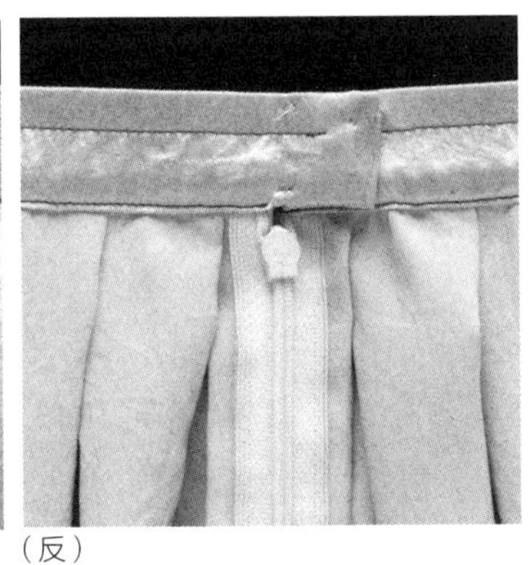

（反）

18 女式直筒裤→p.22

●所需纸型【C 面】

前裤片、后裤片、口袋垫布、袋兜布、腰带布、后口袋、前开襟贴边、掩襟、腰带穿口

●材料

表布 =110cm×200cm

配布 =70cm×35cm

黏合衬 =20cm 见方

拉链 =12cm×1 根

纽扣 = 直径 1.5cm×1 个

●裁剪

前裤片、后裤片、口袋垫布、袋兜布、后口袋各 2 片，左腰带布、右腰带布、前开襟贴边、掩襟各 1 片，腰带穿口 5 片。参照裁剪图，贴黏合衬。

●缝制步骤（参照 p.73）

1 前裤片的侧边制作口袋。
2 拉链缝接于前中心，制作开襟。
→p.74 暗开襟（拉链）
3 缝合后裤片的省道，缝接口袋。※ 图
4 正面向内缝合后中心，缝份处理之后压向左后裤片，并明线车缝。
5 前后裤片正面对合，缝合两侧身，缝份处理之后压向后裤片侧，并明线车缝。前侧身口袋口固定车缝。
6 正面向内缝合前后下裆，缝份处理之后压向前裤片侧。
7 腰带布缝接于腰围，缝接腰带穿口。
8 裤脚三折边之后明线车缝。
9 左腰带端部开扣眼，右腰带缝接纽扣。

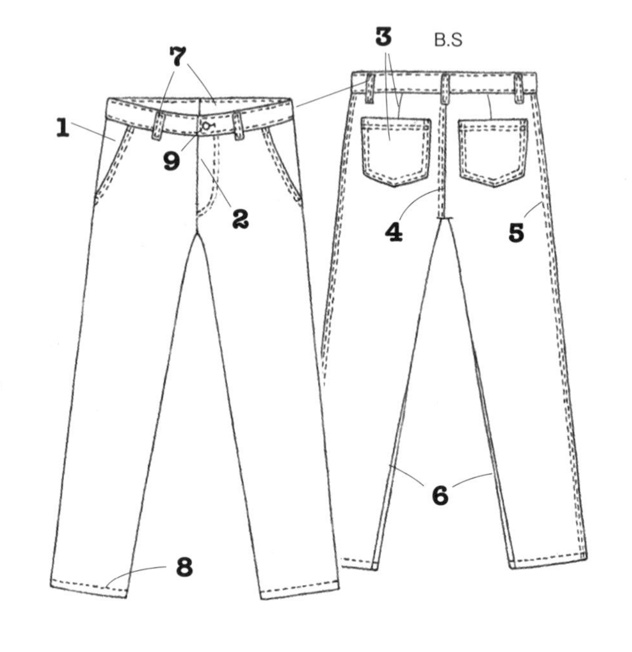

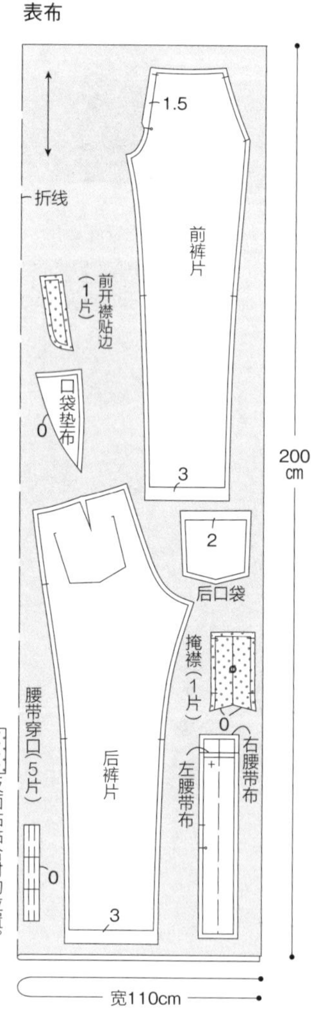

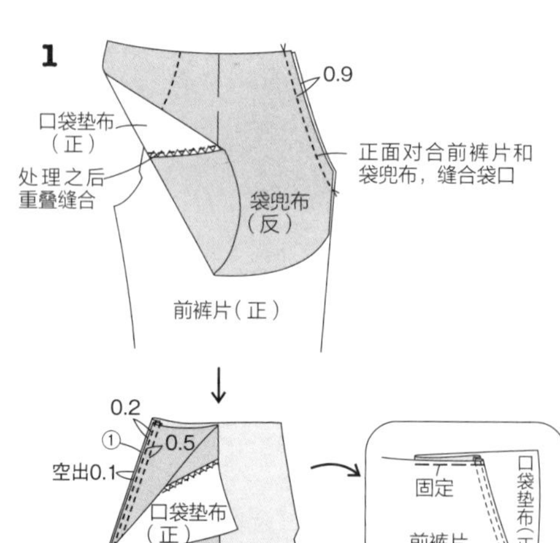

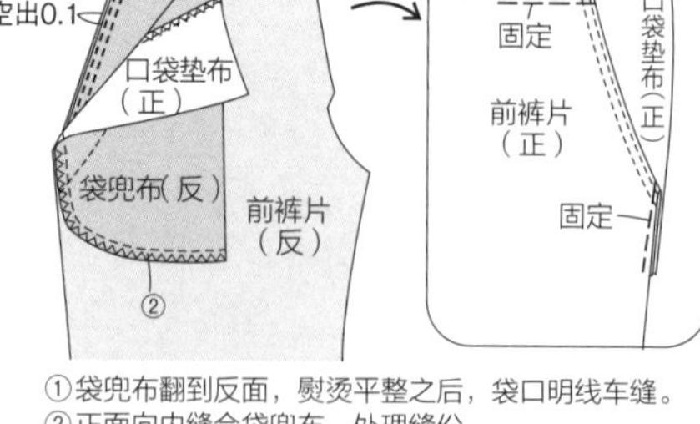

①袋兜布翻到反面，熨烫平整之后，袋口明线车缝。
②正面向内缝合袋兜布，处理缝份。

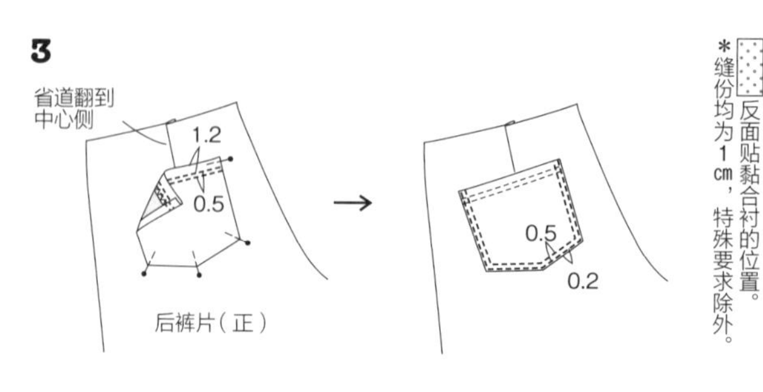

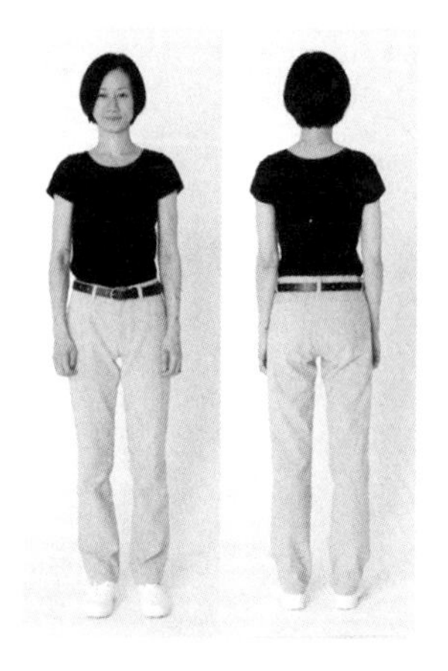

19 男式直筒裤 p.23

→p.23

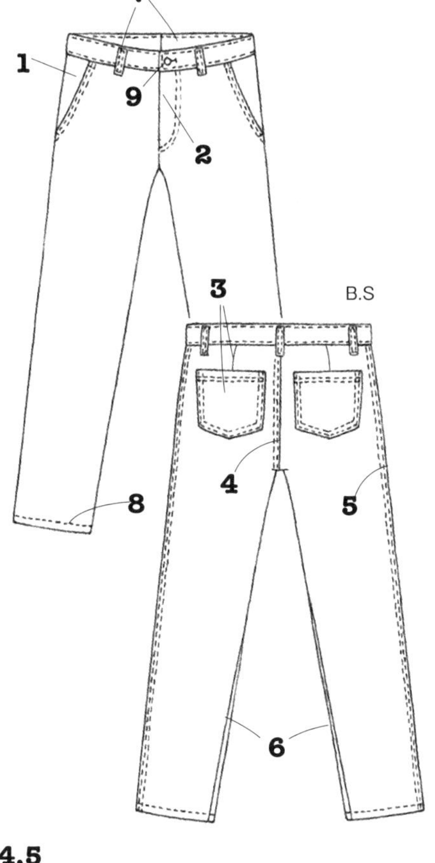

●所需纸型【D面】

前裤片、后裤片、口袋垫布、袋兜布、腰带布、后口袋、前开襟贴边、掩襟、腰带穿口

●材料

表布 =110cm×230cm

配布 =80cm×40cm

黏合衬 =20cm 见方

拉链 =12cm×1 根

纽扣 = 直径 1.5cm×1 个

●裁剪

前裤片、后裤片、口袋垫布、袋兜布、后口袋各 2 片，左腰带布、右腰带布、前开襟贴边、掩襟各 1 片，腰带穿口 5 片。参照裁剪图，贴黏合衬。

●缝制步骤

与 16 的直筒裤相同。

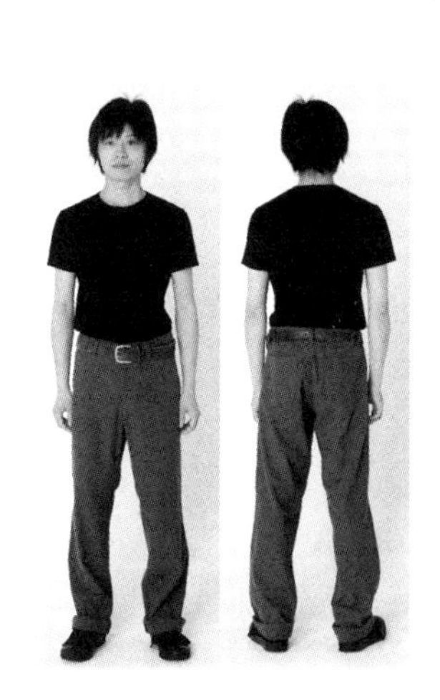

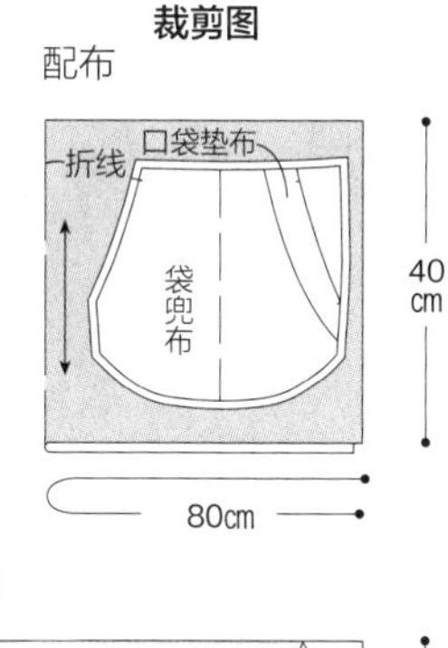

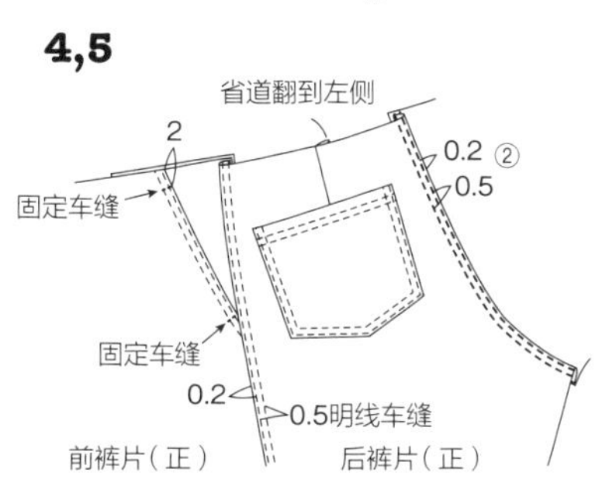

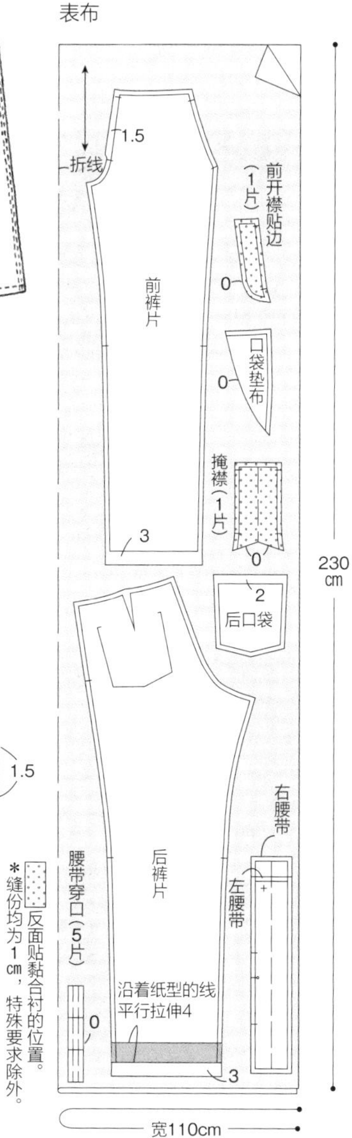

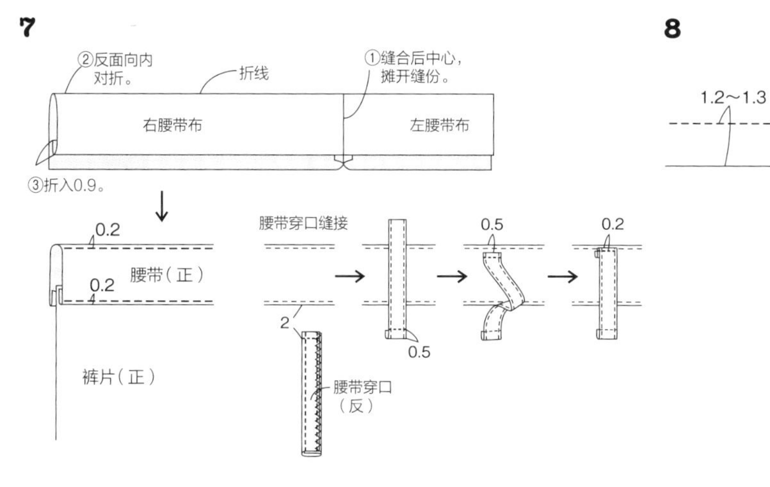

暗开襟（拉链）

即使拉上拉链，从正面也看不见的开襟。上前端缝接贴边，下前端缝接掩襟，最后缝接拉链。此处，通过贴边、掩襟的裁剪端均做处理的休闲裤装的制作方法进行说明。

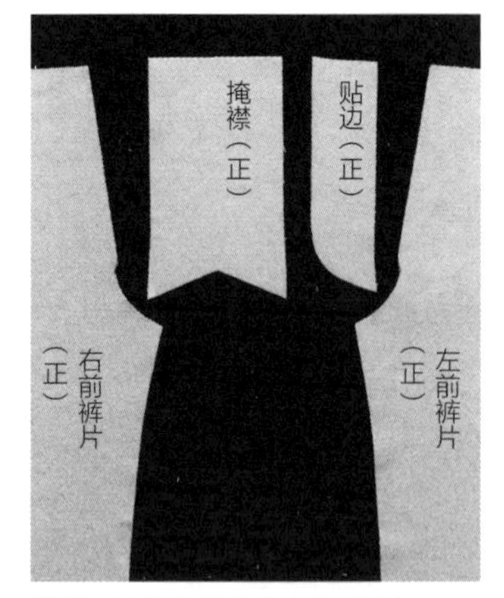

裁剪。拉链的缝接位置的缝份加1.5cm，与拉链空开距离。

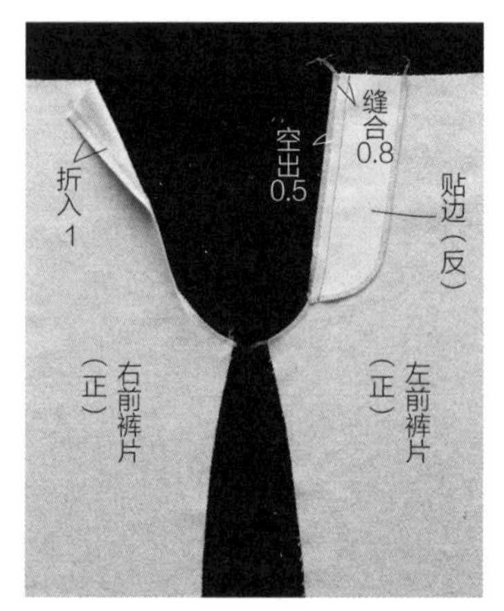

1 处理前端、贴边端部，贴边正面向内缝合于上前端（左前端）。

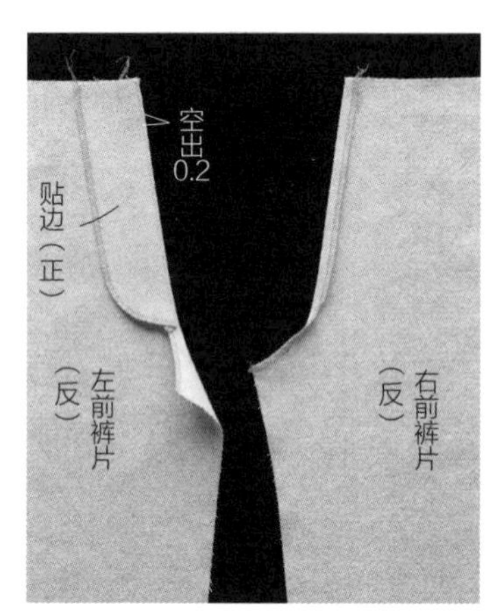

2 贴边翻到反面，空出 0.2cm 之后熨烫平整。

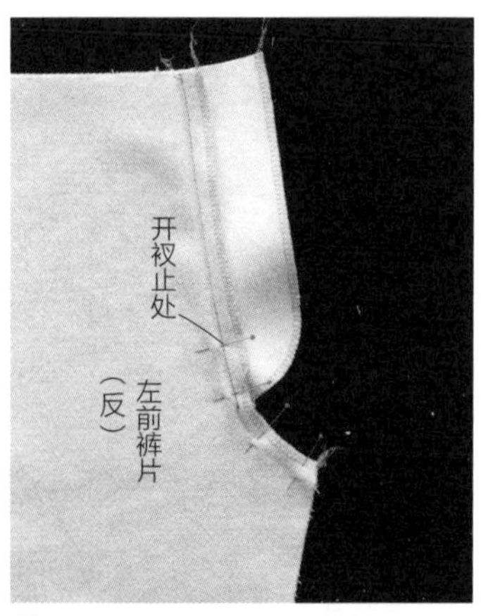

3 拆下贴边，对合左右开衩止处下方，插珠针固定。

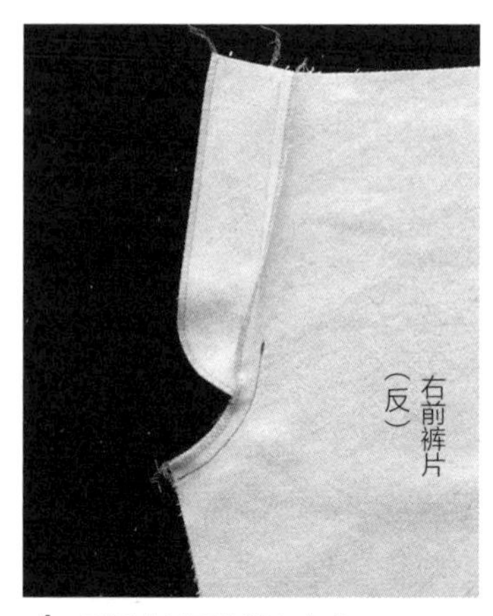

4 开衩止处下方缝合完成。

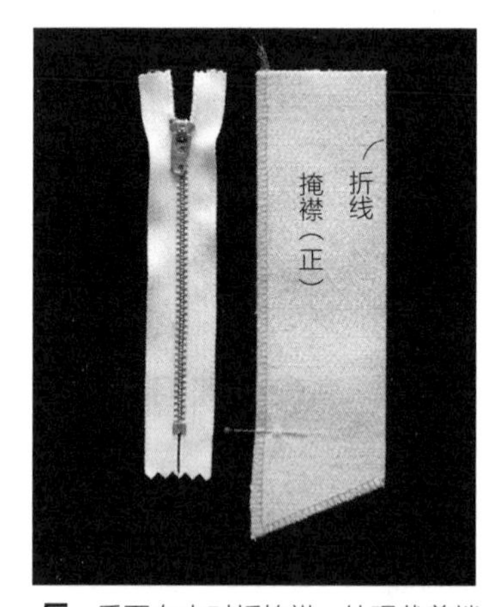

5 反面向内对折掩襟，处理裁剪端部。准备拉链。

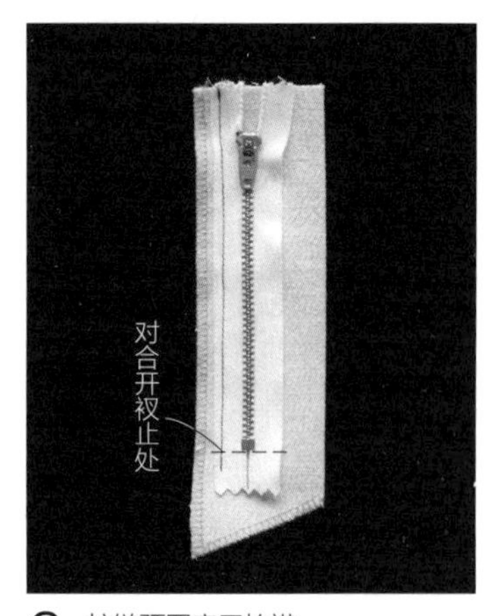

6 拉链预固定于掩襟。

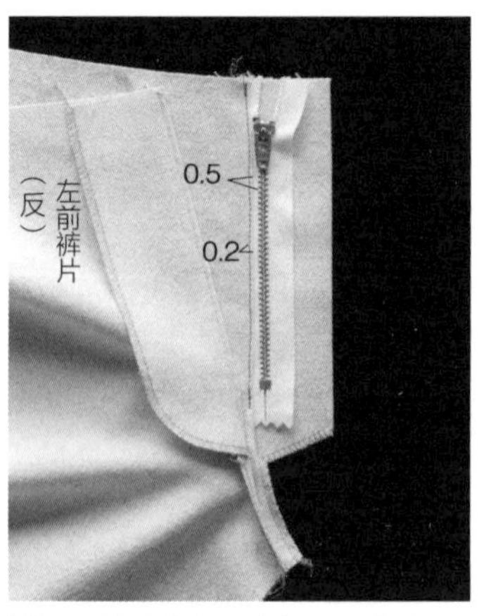

7 下前端（右前端）折入状态下，距离拉链中心 0.5cm 位置缝合至掩襟。

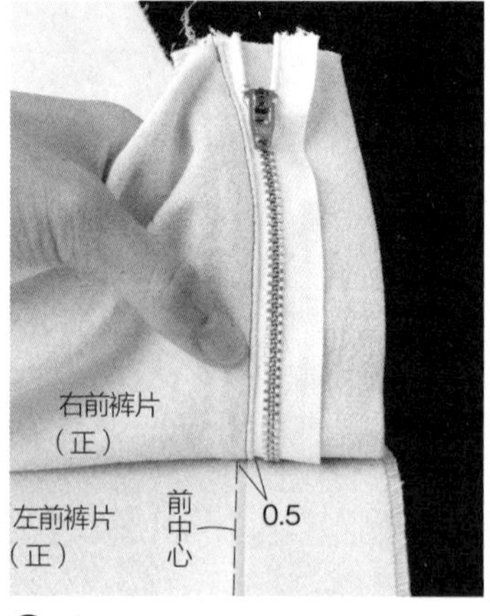

8 拉链的另一端固定于贴边。对合左右位置，插珠针固定。

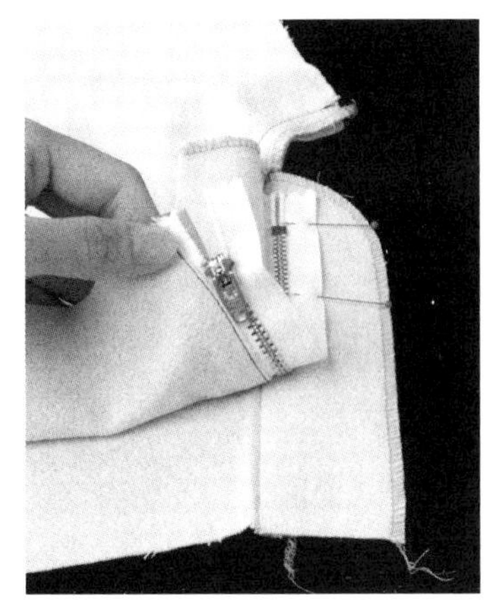

拉链端部插珠针固定于贴边。

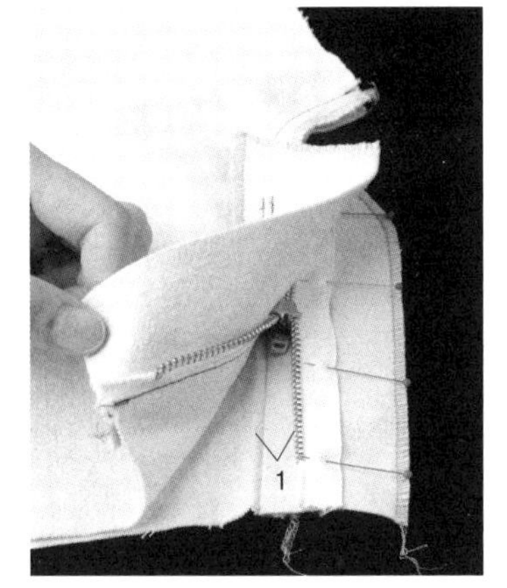

拉链中心靠近裤片前中心内侧 1cm。

9 双线车缝，拉链止缝于贴边。

10 按成品状态摊开左右，插珠针固定左裤片和贴边。

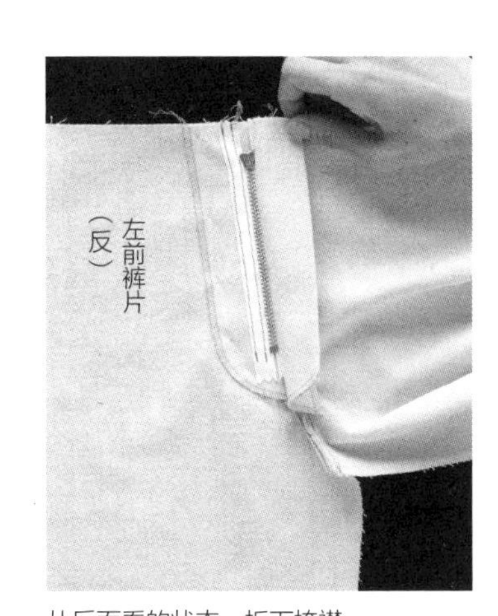

从反面看的状态。拆下掩襟。

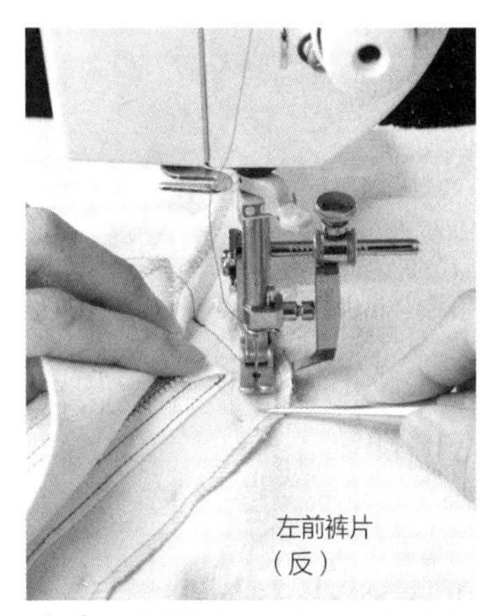

11 沿着贴边端部车缝，止缝贴边。

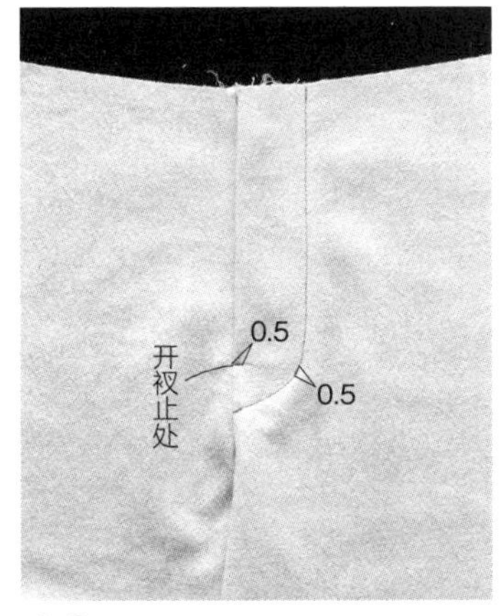

12 在固定开衩止处和贴边的针脚中途至掩襟以内，回针缝 3 ~ 4 次。暗开襟完成（正）。

（反）

腰带布缝接于腰围，上前开扣眼，下前缝接纽扣。

七分裤→p.24

●所需纸型【C 面】

前裤片、后裤片、口袋垫布、袋兜布、后口袋、腰带布、前开襟贴边、掩襟、腰带穿口

●材料

表布 =110cm×200cm

配布 =70cm×35cm

黏合衬 =90cm×30cm

拉链 =12cm×1 根

纽扣 = 直径 1.5cm×1 个

●裁剪

前裤片、后裤片、口袋垫布、袋兜布、后口袋、左腰带布、右腰带布各 2 片，前开襟贴边、掩襟各 1 片，腰带穿口 5 片。参照裁剪图，贴黏合衬。

●缝制步骤

1 前裤片的侧边制作口袋。
→p.72 的 1

2 拉链缝接于前中心，制作开襟。
→p.74 暗开襟（拉链）

3 缝合后裤片的省道，缝接口袋。
→p.72 的 3

4 正面向内缝合后中心，缝份处理之后压向左后裤片，并明线车缝。※ 图

5 前后裤片正面对合，缝合两侧身，缝份处理之后压向后裤片侧，并明线车缝至袋兜布端位置。
→p.77（开衩）※ 图

6 正面向内缝合前后下裆，缝份处理之后压向前裤片侧。

7 裤脚明线车缝。→p.77

8 腰带布缝接于腰围，缝接腰带穿口。※ 图
→p.73 的 7

9 左腰带端部开扣眼，右腰带缝接纽扣。

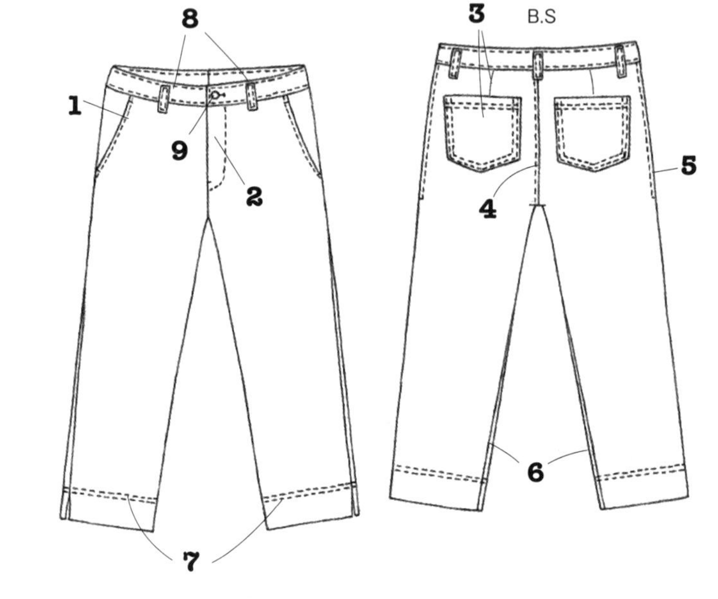

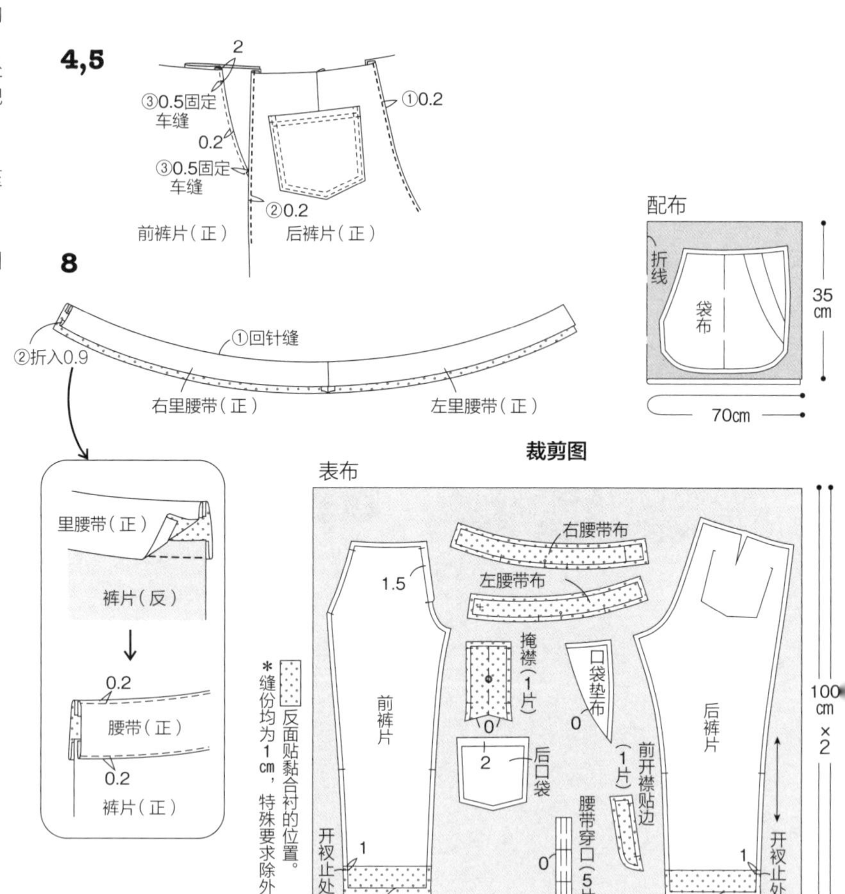

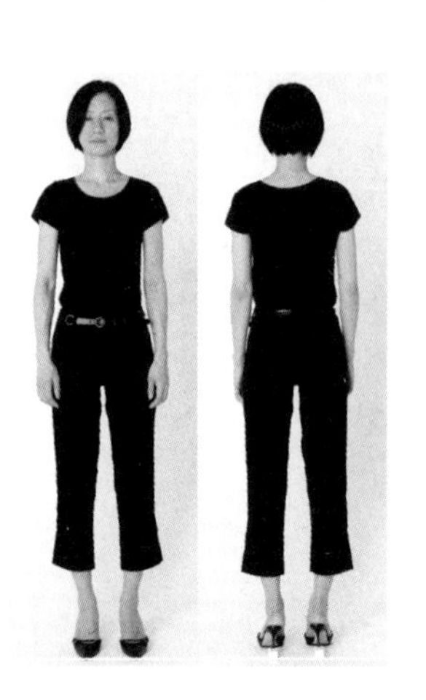

开衩

纵向细长的开口，用袖口或下摆的长开衩。大多为了身体活动更加自如或装饰效果。

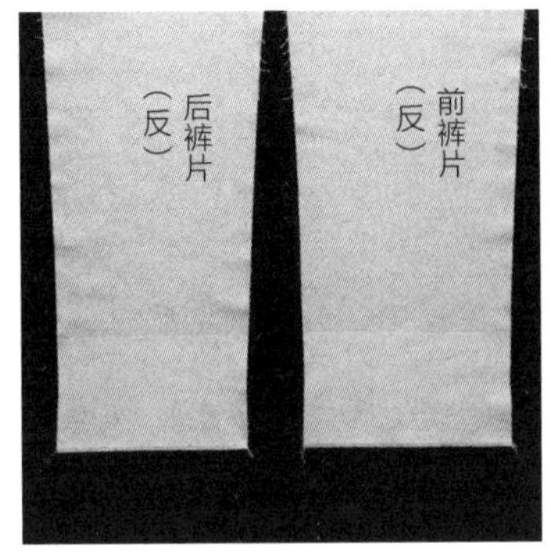

1 裤脚的反面贴黏合衬，处理缝份。

2 沿着成品线折入裤脚。

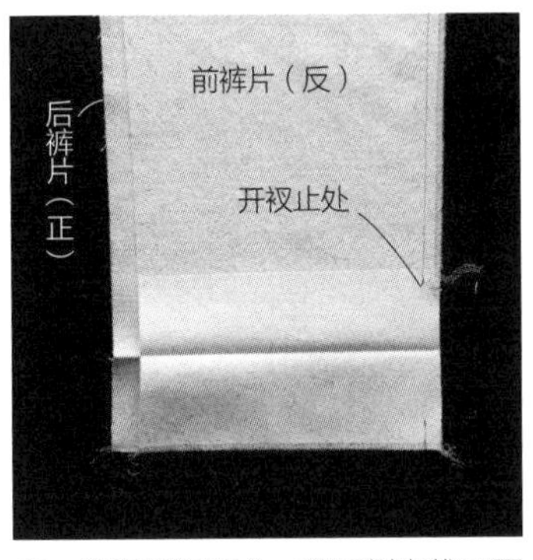

3 留下开衩部分，前后侧身线正面向内缝合，处理缝份。

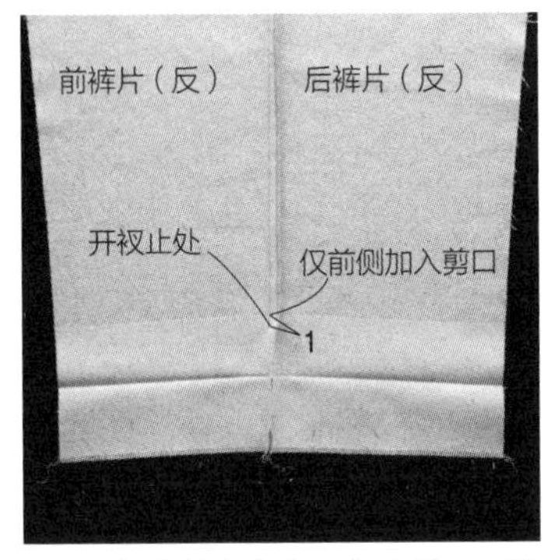

4 开衩止处上方 1cm 加入剪口，缝份压向后裤片侧。

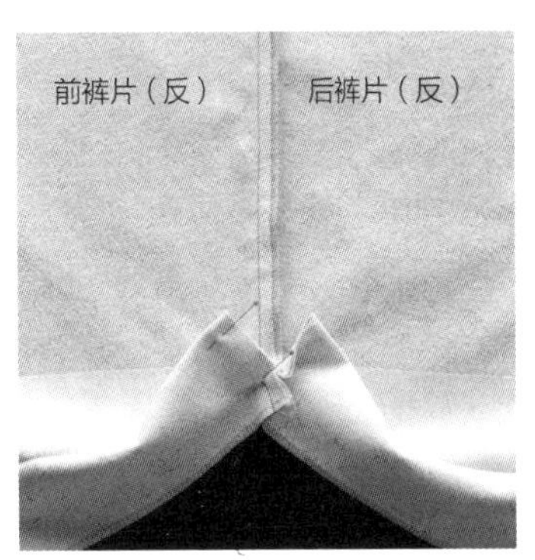

5 正面对合开衩部分，插珠针固定。

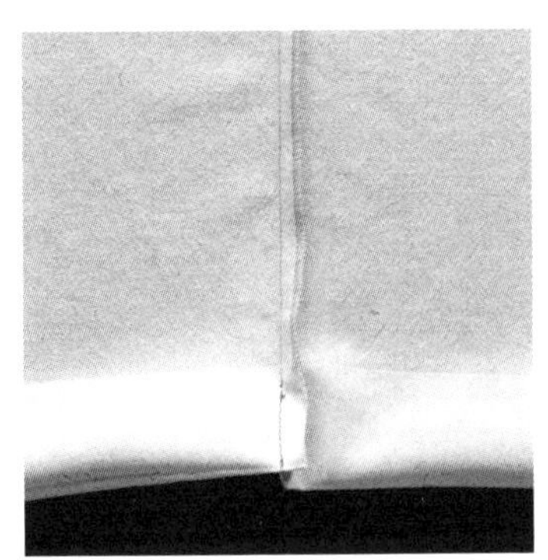

6 车缝。

7 翻到正面，熨烫平整。

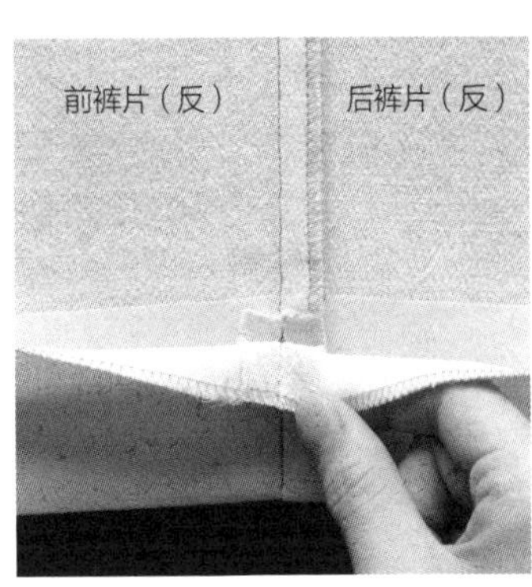

放大图片（反）

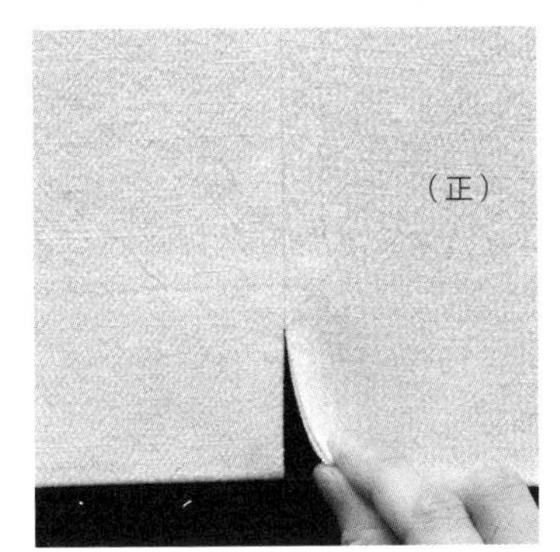

8 开衩完成。

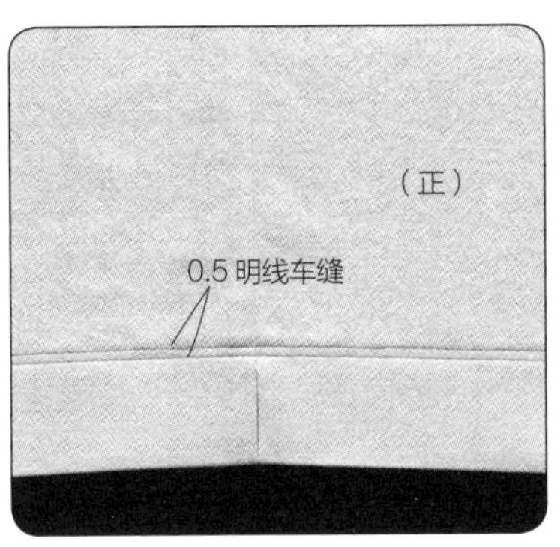

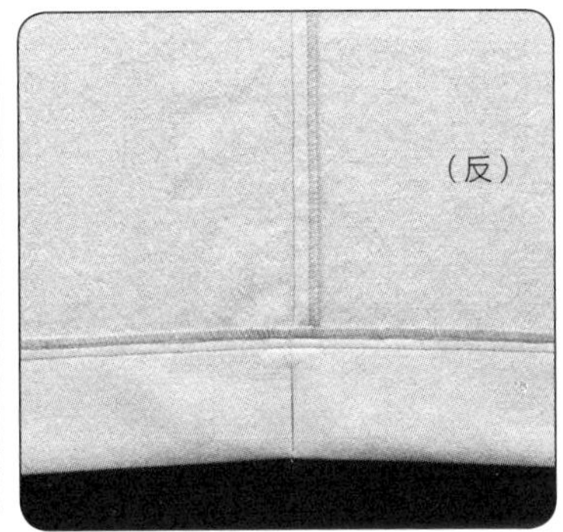

下裆侧同样缝合制作成筒状，缝份端部明线车缝。

线襻扣眼的制作方法

暗开襟

针穿入缝线，结头送入内侧之后出线。

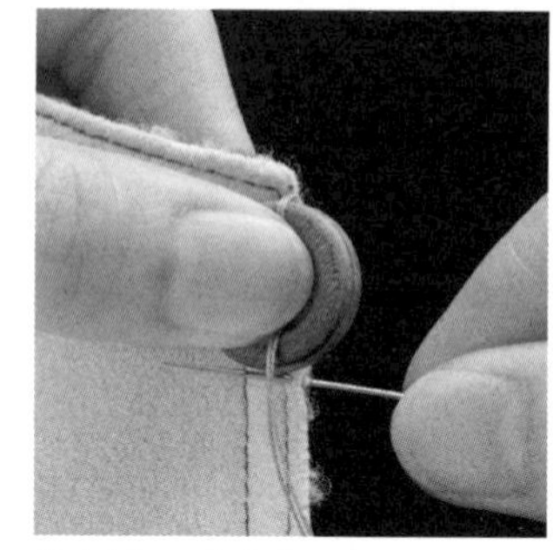

贴上纽扣，绕线2 ~ 3圈。

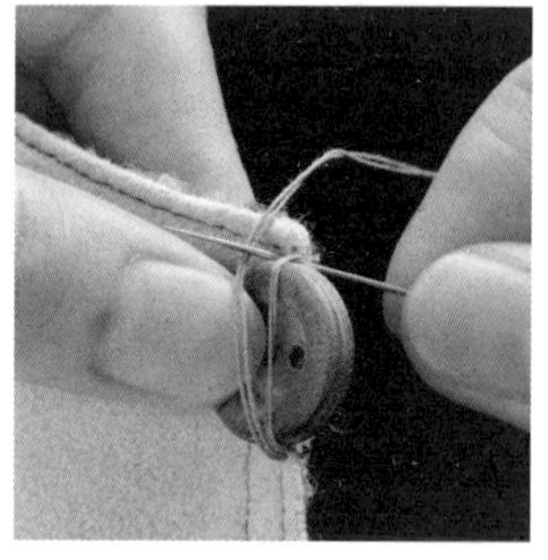

如果线缠绕过紧，则纽扣很难扣上。

❶拆下纽扣，以缠绕的线作为衬底进行编织。

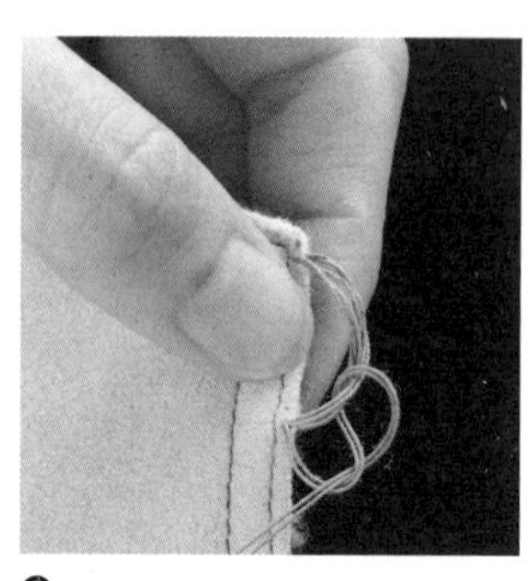

❷

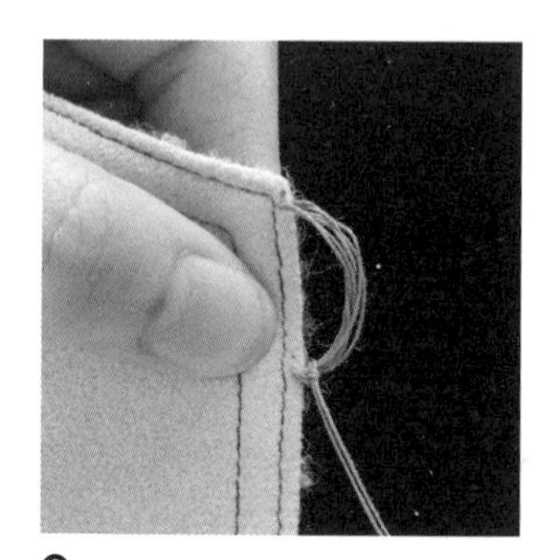

❸

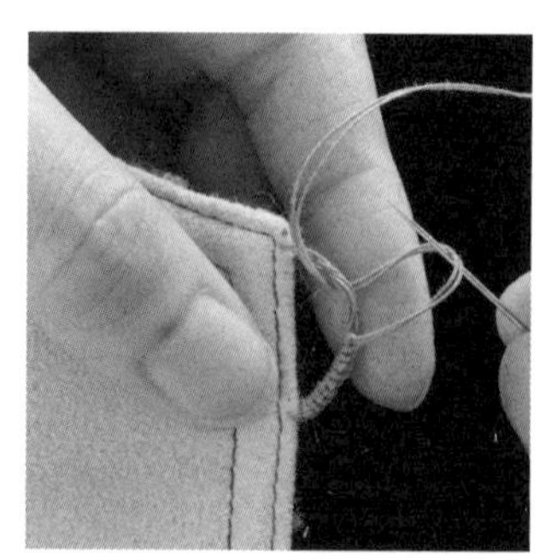

重复❶~❸，直至端部。

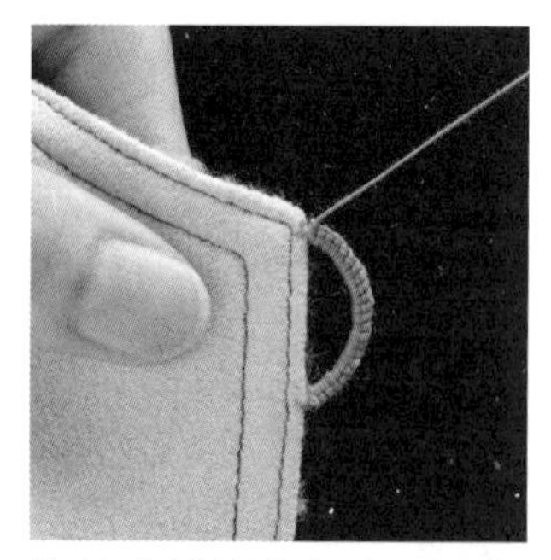

结头与缝制始端线头，穿入缝线中。

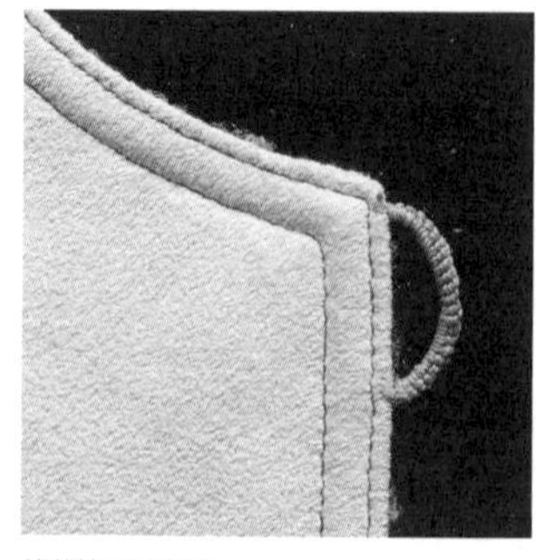

线襻扣眼完成。

右衣片制作线襻扣眼，左衣片缝接纽扣。

实物等大纸型的参考尺寸表

1 ~ 20 的作品的纸型均按照以下净身尺寸制作而成。请参考尺寸表，选择各作品的纸型尺寸。
而且，各作品的衣长、袖长、裙长、裤长等可根据喜好调节。这种情况下，其他尺寸也会有所变化。

女性尺寸表

净身尺寸	S	M	ML	L	LL
胸围	78	82	86	90	94
腰围	60	64	68	72	76
臀围	86	90	94	98	102
身高	160				

16、17 的百褶裙

	❶	❷	❸	❹	❺	❻
腰围成品尺寸	58	61	64	67	70	73

※ 百褶裙的尺寸分为 6 种：❶～❻。

男性尺寸表
（2 的男式衬衫，19 的男式直筒裤）

净身尺寸	S	M	L
胸围	88	92	104
腰围	76	80	84
臀围	88	92	96
身高	170～175		

※ 男性尺寸分为 3 种：S ~ L。